Adobe Animate CC 2017
中文版经典教程

[美]Russell Chun 著　　杨煜泳 译

U0240516

人民邮电出版社
北　京

图书在版编目（CIP）数据

Adobe Animate CC 2017中文版经典教程 / （美）罗素·尊（Russell Chun）著；杨煜泳译. -- 北京：人民邮电出版社，2017.9
ISBN 978-7-115-46504-7

Ⅰ. ①A… Ⅱ. ①罗… ②杨… Ⅲ. ①超文本标记语言—程序设计—教材 Ⅳ. ①TP312

中国版本图书馆CIP数据核字(2017)第193675号

版 权 声 明

- ◆ 著　　　　[美] Russell Chun
- 　译　　　　杨煜泳
- 　责任编辑　赵 轩
- 　责任印制　焦志炜
- ◆ 人民邮电出版社出版发行　　北京市丰台区成寿寺路 11 号
- 　邮编　100164　电子邮件　315@ptpress.com.cn
- 　网址　http://www.ptpress.com.cn
- 　三河市海波印务有限公司印刷
- ◆ 开本：800×1000　1/16
- 　印张：25.25
- 　字数：610 千字　　　　　　　2017 年 9 月第 1 版
- 　印数：1 – 2 000 册　　　　　2017 年 9 月河北第 1 次印刷
- 　著作权合同登记号　图字：01-2017-4813 号

定价：79.00 元

读者服务热线：(010)81055410　印装质量热线：(010)81055316
反盗版热线：(010)81055315
广告经营许可证：京东工商广登字 20170147 号

前 言

    Adobe Animate CC 的 2017 年版本为创建交互式多媒体应用提供了功能全面的创作和编辑环境。通过 Animate，您可以创建各种互动的、复杂的动画或应用程序，并将其发布到各种平台。Animate CC 广泛应用于创意产业，用于开发融合视频、声音、图形和动画的引人入胜的项目。您可以在 Animate CC 中创建原创内容，或从其他 Adobe 应用程序（如 Photoshop 或 Illustrator）导入资源来快速设计动画和多媒体，并使用代码来集成具有复杂的交互性的功能。

    使用 Animate CC 可以建立完全原创、令人身临其境的网站和独立于浏览器的桌面应用，还可以创建应用于 Android、iOS 系统的手机应用。

    对动画的优秀控制能力，直观而又灵活的绘图工具及面向对象编程的强大语言，以及针对 HTML5、移动应用、桌面应用程序和 Flash Player 等的输出选项能力，都使得 Adobe Animate CC 成为实现创作设计的最强大软件之一。

关于经典教程

    在 Adobe 产品专家的支持下，本书已成为 Adobe 官方培训系列图书之一。

    本书中的课程经过精心设计，方便读者按照自己的节奏进行阅读。如果您是 Adobe Animate 初学者，可从本书中学到该程序所需的基础知识和操作；如果您有一定的 Adobe Animate 使用经验，将会发现本书介绍了许多高级技能，包括针对最新版本软件的使用技巧和操作提示。

    本书不仅在每节课程中提供完成特定工程的具体步骤，还为您预留了探索和试验的空间。

    您可以按顺序阅读全书，也可以针对个人兴趣和需要阅读对应章节。而且，每节课程都包含复习部分，可总结该课程的内容。

Adobe Animate CC 的新功能

    Adobe Animate CC 的 2017 版本提供了更多具有表现力的工具、更强大的动画控件，以及对各种播放平台的强大支持。

    本书中的课程提供了使用 Animate CC 中的一些更新和改进功能的机会，包括：

- 新的可以利用摄像头移动（如缩放和平移）来进行创作的"摄像头工具"；
- 具有灵活的控件和自定义艺术和图案画笔的扩展的"画笔工具"；

- 在 HTML5 Canvas 项目中集成 Typekit 和 Google Web 字体；

- 支持 HTML5 视频；

- 用于图形元件的新的帧选择器，为角色唇同步提供更好的控制；

- 标签色板，可快速轻松地编辑颜色；

- 通过 Creative Cloud 库与其他设计师和其他 Adobe 应用程序进行协作。

必备知识

在开始使用本书之前，请确保系统设置正确，并且已安装所需的软件。您应该具备自己计算机和操作系统的基本知识。您应该知道如何使用鼠标、标准菜单和命令，以及如何打开、保存和关闭文件。如果您需要查看这些技术，请参阅 Microsoft Windows 或 Apple Mac OS 软件随附的打印或联机文档。

此外，您需要下载免费的 Adobe AIR 运行库（可在 get.adobe.com/air/ 获得），以便在第 10 课中发布桌面应用程序。

安装 Animate CC

需要购买 Adobe Creative Cloud 下的 Adobe Animate CC 软件。以下为设备系统需满足的最低要求。

Windows

- Intel®Pentium 4、Intel Centrino®、Intel Xeon® 或 Intel Core ™ Duo（或兼容）处理器。

- Microsoft®Windows®7（64 位）、Windows 8.1（64 位）或 Windows 10（64 位）。

- 2 GB 内存（推荐 8 GB）。

- 1024 像素 ×900 像素显示（推荐 1280 像素 ×1024 像素）。

- 4 GB 可用硬盘空间用于安装软件；安装过程中需要额外的可用空间（无法安装在可移动闪存设备上）。

- 需要连接网络并登录账号才可进行软件激活、订阅验证以及访问在线服务等操作。

Mac OS

- Intel® 多核处理器。

- Mac OS X v10.10（64 位）、10.11（64 位）或 10.12（64 位）。

- 2 GB 内存（推荐 8 GB）。

- 1024 像素 ×900 像素显示（推荐 1280 像素 ×1024 像素）。

- 推荐快速 12.x 软件。

- 4 GB 可用硬盘空间用于安装软件；安装过程中需要额外的可用空间（无法安装在使用区分大小写的文件系统或可移动闪存存储设备的卷上）。

- 需要连接网络并登录账号才可进行软件激活、订阅验证以及访问在线服务等操作。

有关系统要求的更新和有关安装软件的完整说明，请访问 helpx.adobe.com/animate/system-requirements.html。

从 Adobe Creative Cloud 在 creative.adobe.com 安装 Animate CC，并确保您可以访问您的登录名和密码。

如何使用课程

本书中的每节课都提供了创建课程中项目的一个或多个特定元素的分步说明。除部分课程建立在以前课程中创造的项目上之外，其他大部分是独立的项目。所有的课程在概念和技能方面相辅相成，所以学习本书的最好方法是按顺序进行课程。在本书中，一些技巧和过程只在前几次使用它们的过程中进行详细的说明和描述。

您将在本书的某些课程中创建和发布最终项目文件，如 SWF 文件、HTML 文件、视频或 AIR 桌面应用程序。Lessons 文件夹中 End 文件夹中的文件（01End、02End 等）是每个课程已完成项目的样本。如果要将正在进行的工作与用于生成示例项目的项目文件进行比较，请使用这些文件进行参考。

课程的组织也是以项目为导向，而不是以特性为导向。这意味着，例如，您将在几个课程上，而不是仅在一个章节中处理设计项目中的元件。

Adobe 授权培训中心

Adobe 授权培训中心提供由讲师指导的 Adobe 产品课程和培训。 Adobe 授权培训中心课程目录可在 training.adobe.com/trainingpartners 上获取。

资源下载

本书所需的素材文件及相关内容，请从异步社区（www.epubit.com.cn）中本书页面下载。

目　录

第1课 开始了解Adobe Animate CC

1.1 课程概述

在这一课中，您将学习如何执行以下任务：

- 在 Adobe Animate CC 中创建新文件
- 调整"舞台"设置和文件属性
- 向"时间轴"中添加图层
- 理解并管理"时间轴"中的关键帧
- 在"库"面板中处理导入的图像
- 在"舞台"上移动和重新定位对象
- 打开和使用面板
- 在"工具"面板中选择和使用工具
- 预览动画
- 保存文件

学习该课程大概需要 1 小时。

在 Animate 中，"舞台"是用来布
置所有可视元素的场所，动作发生在
"舞台"上，"时间轴"用于组织帧和图层，
其他面板允许编辑和控制所创建的内容。

1.2 启动 Animate 并打开文件

第一次启动 Adobe Animate CC 时，您将会看到一个欢迎屏幕，上面有指向标准文件模板、教程及其他资源的链接。在本课程中，您将创建一个用于显示一些度假照片的简单的动画。您可以添加一些背景照片及装饰元素，并且在这个过程中学习如何在"舞台"上定位元素，以及沿着"时间轴"放置它们。您可学到如何利用"舞台"从空间上管理可视元素，以及如何利用"时间轴"从时间上管理它们。

1. 启动 Adobe Animate CC。在 Windows 中，选择"开始">"所有程序">"Adobe Animate CC"。在 Mac OS 中，在 Adobe Animate CC 文件夹或 Applications 文件夹中单击 Adobe Animate CC。

2. 选择"文件">"打开"。在"打开"对话框中，选择 Lesson01/01End 文件夹中的 01End.fla 文件，并单击"打开"按钮打开最终的项目。

3. 选择"文件">"发布"。

Animate 会创建一些在目标平台播放时必要的文件。在这个例子中，为了在浏览器里显示最终的动画，HTML5 Canvas 文件创建了一个 HTML 文件、一个 JavaScript 文件以及一个图片文件夹。这些文件被保存在与 Animate 文件相同的文件夹内。

4. 双击生成的 HTML 文件。

此时将会播放一个动画。在播放动画期间，将会逐一显示多张重叠的照片，最后将显示一些星星的图案。

5. 关闭浏览器。

> **An** | **提示：**您还可以通过双击动画文件（*.fla 或 *.xfl）启动 Animate，例如课程所提供的 01End.fla 文件。

注意：“输出”面板将显示一条错误消息，指出在 EaselJS 中，帧编号从 0 开始而不是从 1 开始。您可以忽略该警告，因为您不会在本课时间轴上处理不同的帧编号。

创建一个新文档

要想创建如刚刚所预览的简单动画，首先要新建一个新文档。

1. 在 Animate 中选择“文件”>“新建”，弹出“新建文档”对话框。

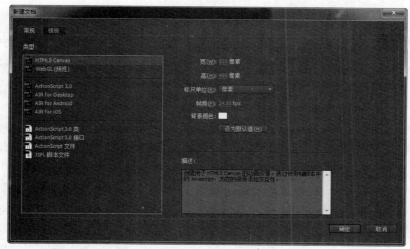

2. 在“常规”选项卡中选择第一个选项 HTML5 Canvas。

其他的选项将使文档能够在不同的环境中播放。例如，WebGL 是可利用硬件图形加速功能的动画文件格式。ActionScript 3.0 选项创建对应 Flash Player 的文件类型。AIR for Android 和 Air for iOS 选项将会创建能够在 Android 或苹果移动设备中播放的文档。AIR for Desktop 对应 Windows 或者 Mac 的桌面程序。

3. 在右边的对话框中，通过输入“宽”和“高”的像素值可以设定“舞台”的尺寸。输入“宽”为 800，“高”为 600。保持“标尺单位”选项为“像素”不变。保持“帧频”和“舞台”的“背景颜色”选项为默认设置。您可以随时更改这些文档属性，本课的后面内容中会进行讲解。

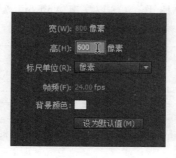

4. 单击"确定"按钮。

Animate 会依照全部指定设置创建一个新的 HTML5 Canvas 文件。

5. 选择"文件" > "保存"。把文件命名为"01_workingcopy.fla"，并从"保存类型"下拉菜单中选择"Animate 文档（*.fla）"，尽管软件程序现在是叫 Animate，但是文件格式后缀仍然是 .fla 或者 .xfl，这些都体现了 Animate 的前身是"Flash"。

把它保存在 01Start 文件夹中。立即保存文件是一种良好的工作习惯，可以确保当应用程序或计算机崩溃时所做的工作不会丢失。应利用 .fla（如果将其存为 .xfl 则为 Animate 未压缩文档格式）扩展名保存 Animate 文件，以将其标识为 Animate 源文件。

1.3 理解文档类型

Adobe Animate CC 是一个动画和多媒体制作工具，可为多种平台和播放技术创建媒体。知道动画最终将在哪里播放，决定了您该如何对新文件文档类型作出选择。

播放环境

播放或运行环境是用于播放最终发布文件所使用的技术。您的动画既可以在浏览器的 Flash Player 中播放，也可以在支持 HTML5 和 JavaScript 的浏览器中播放。或者，它们可以在移动设备上作为应用程序播放。您应首先确认播放或运行环境，以便可以选择适当的文档类型。

无论播放环境和文档类型如何，所有文档类型都保存为 FLA 或 XFL（Animate）文件。区别是每个文档类型被配置为导出不同的最终发布文件。

- 选择"HTML5 Canvas"以创建用于在使用 HTML5 和 Java 脚本的浏览器中播放的动画素材资源。您可以通过在 Animate CC 中或者最终发布的文件中插入 Java 脚本的方式来添加交互性。
- 对纯动画素材选择 Web GL 方式，以充分利用图形硬件加速支持。
- 选择 ActionScript 3.0 可创建在桌面浏览器的 Flash Player 中播放的动画和交互。ActionScript 3.0 是 Animate 脚本语言的最新版本，类似于 JavaScript。选择 ActionScript 3.0 文档并不意味着您必须包括 Action Script 代码。它只是意味着您的播放目标是 Flash Player。
- 选择 AIR 可创建在 Windows 或 Mac 桌面上作为应用程序播放的动画，而无需使用浏览器。您可以使用 ActionScript 3.0 在 AIR 文档中添加交互性。
- 选择 AIR for Android 或 AIR for iOS 以发布 Android 或 Apple 移动设备的应用程序。您可以使用 ActionScript 3.0 为移动应用程序添加交互性。

An **注意**：并非所有文档类型都支持所有特性。例如，WebGL 文档不支持文本，HTML5 Canvas 文档不支持 3D 旋转或翻译工具。不支持的工具显示为灰色。

An **注意**：最新版本的 Animate CC 仅支持 ActionScript 3.0。如果您需要 ActionScript 1.0 或 2.0，则必须使用 Flash Professional CS6 或更低版本。

1.4　了解工作区

Adobe Animate CC 的工作区包括位于屏幕顶部的命令菜单以及多种工具和面板，用于在影片中编辑和添加元素。用户可以在 Animate 中为动画创建所有的对象，也可以导入在 Adobe Illustrator、Adobe Photoshop、Adobe After Effects 及其他兼容应用程序中创建的元素。

默认情况下，Animate 会显示"菜单栏""时间轴""舞台""工具"面板、"属性"面板、"编辑"栏以及其他面板。在 Animate 中工作时，可以打开、关闭、分组和取消面板分组、停放和取消停放面板，以及在屏幕上移动面板，以适应个人的工作风格或屏幕分辨率。

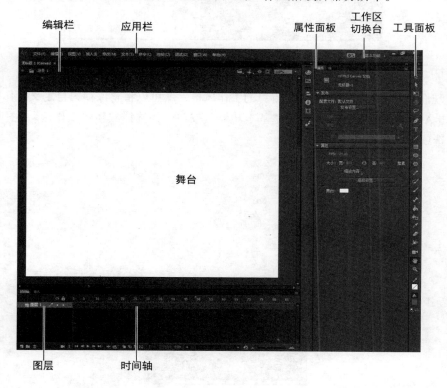

编辑栏　　应用栏　　　　　　　　　　　属性面板　工作区切换台　工具面板

舞台

图层　　　时间轴

1.4.1　选择新工作区

Animate 还提供了几种预置的面板排列方式，它们可能更适合于特定用户的需要。在 Animate 工作区右上方的下拉菜单中或"窗口" > "工作区"之下的顶部菜单中列出了多种工作区排列方式，您也可以保存一种新的排列方式。

1. 单击工作区切换面板，并选择一种新的工作区。

不同面板依据该面板对于特定用户的重要性而重新排列并调整大小。例如，"动画"和"设计人员"工作区将把"时间轴"置于顶部，使得可以更轻松、频繁地使用它。

2. 如果一些面板被移动了，而您希望返回到预先排列的工作区之一的状态，可以选择"窗口" > "工作区" > "重置"来重新选择预置工作区。

3. 要返回到默认的工作区，可以选择"窗口" > "工作区" > "基本功能"。在本书中，将使用"基本功能"工作区。

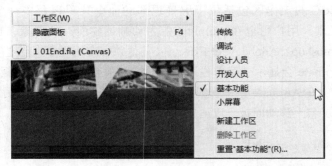

1.4.2　保存工作区

如果发现面板的某种排列方式适合自身的工作风格，就可以将它保存为自定义工作区。

1. 单击 Animate 工作区右上角的"基本功能"按钮，并选择"新建工作区"，图中出现"新建工作区"选项。

2. 为新工作区输入一个名称，然后单击"确定"按钮。

这样就保存了面板的当前排列方式。把合适的工作区添加到"工作区"下拉菜单的选项中，以便随时访问。

> **提示**：默认情况下，动画界面为黑色。但是，如果您愿意，您可以将界面更改为浅灰色。选择"编辑">"首选参数"（Windows）或"动画">"首选参数"（Mac），然后在"常规"选项中，在"用户界面"选项选择"浅"。

1.4.3　关于"舞台"

屏幕中间的大白色矩形称为"舞台"。与剧院的舞台一样，Animate 中的"舞台"是用户查看影片播放的区域，包括出现在屏幕上的文本、图像和视频。要把元素移到"舞台"上或移到"舞台"之外，可以使用标尺工具（"视图">"标尺"）或网格（"视图">"网格">"显示网格"）在"舞台"上定位项目。此外，也可以使用"对齐"面板，以及将在本书中学到的其他工具。

默认情况下，您将看到"舞台"外面的灰色区域，可以在其中放置不被用户看到的元素，这个灰色区域称为"粘贴板"（Pasteboard）。为了只查看"舞台"，您可选择"视图">"粘贴板"，取消选择该选项。就现在而言，先保持该选项。

您同样可以单击"剪切掉舞台范围以外的内容"按钮来隐藏处在舞台区域之外的图形元素，以确定观众最终看到的效果。

要缩放"舞台"使之能够完全放在应用程序窗口中，可选择"视图">"缩放比率">"符合窗口大小"。您也可以从"舞台"上方的弹出式菜单中选择不同的缩放比率视图选项。

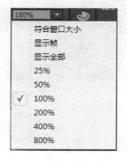

An 提示：可以全屏模式查看"舞台"来排除各种面板的干扰，选择"视图">"屏幕模式">"全屏模式"。按 F4 键可以显示面板，按 Esc 键返回"标准屏幕模式"。

1.4.4 更改"舞台"属性

现在来更改"舞台"的颜色。"舞台"的颜色以及其他文档属性，例如"舞台"尺寸和帧频都可以在"属性"面板中修改，它是位于"舞台"右边的一个垂直面板。

1. 在"属性"面板底部，注意当前"舞台"的尺寸被设置为 800 像素 × 600 像素，这是在创建新文档时设置的。

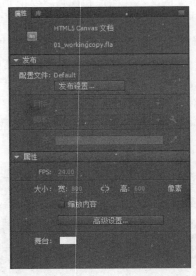

2. 单击"舞台"右边的"背景颜色"按钮，并从调色板中为"舞台"选择一种新颜色。这里选择深灰色（#333333），现在"舞台"更换了颜色。您可以参考以上步骤随时更改"舞台"属性。

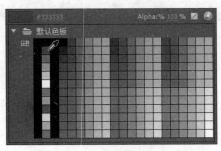

1.5 使用"库"面板

您可以从"属性"面板右侧的选项卡中访问"库"面板。"库"面板用于存储和组织在

Animate 中创建的符号，以及导入的文件，包括位图、图形、声音文件和视频剪辑。符号 "Symbols" 是经常用于动画和交互的图形。

 **注意**：在第 3 课中将学习到更多关于元件的知识。

1.5.1 关于 "库" 面板

"库" 面板让您可以在文件夹中组织库项目，查看文档中的某个项目多久使用一次，以及按类型对项目进行排序。当导入项目到 Animate 中时，可以把它们直接导入到 "舞台" 上或导入到库中。不过，导入到 "舞台" 上的任何项目也会被添加到库中，就像创建的任何元件一样。然后可以轻松地访问这些项目，把它们再次添加到 "舞台" 上，进行编辑或查看属性。

要显示 "库" 面板，可选择 "窗口" > "库"，也可以按 Ctrl+L 组合键（Windows）或 Command+L 组合键（Mac）。

1.5.2 把项目导入到 "库" 面板中

通常，您可以直接利用 Animate 的绘图工具创建图形并将其保存为元件，它们都存储在 "库" 中。有时也导入 JPEG 图像或 MP3 声音文件等媒体文件，它们也存储在 "库" 中。在本课程中，您可以导入几幅图片到 "库" 中，以便在动画中使用。

1. 选择 "文件" > "导入" > "导入到库"。在 "导入到库" 对话框中，选择 Lesson01/01Start 文件夹中的 background.png 文件，并单击 "打开" 按钮。Animate 将导入所选的 PNG 图像，并把它存放在 "库" 面板中。

2. 导入 01Start 文件夹中的 photo1.jpg、photo2.jpg 和 photo3.jpg 图像。不要导入图像 photo4.jpg，它在本课程的后部分才会使用到。您可以按住 Shift 键选择多个文件，同时导入。

"库" 面板将显示所有导入的 JPEG 图像，以及它们的文件名和缩略图预览。现在就可以在 Animate 文档中使用这些图像。

1.5.3 从"库"面板中添加项目到"舞台"上

要使用导入的图像，只需把它从"库"面板中拖到"舞台"上即可。

 注意：选择"文件">"导入">"导入到舞台"或按 Ctrl+R 组合键（Windows）或 Command+R 组合键（Mac）一次性将图片文件导入到"库"并放置在"舞台"上。

1. 如果还没有打开"库"面板，可选择"窗口">"库"将其打开。
2. 在"库"面板中选择 background.jpg 项目。
3. 把 background.png 项目拖到"舞台"上，并放在"舞台"中大约中央的位置。

 提示：您还可以选择"文件">"导入">"导入到舞台"，或按 Ctrl + R（Windows）或 Command + R（Mac）将图像文件导入到库中，并将其放在舞台上。

1.6 了解"时间轴"

在默认的"基本功能"工作区设置中，"时间轴"位于"舞台"下方。像电影一样，Animate 文档以帧为单位度量时间。在影片播放时，播放头（如红色垂直线所示）在"时间轴"中向前移动。您可以为不同的帧更改"舞台"上的内容。要在"舞台"上显示帧的内容，可以在"时间轴"中把播放头移到此帧上。

在"时间轴"的底部，Animate 会指示所选的帧编号、当前帧频（每秒钟播放多少帧），以及迄今为止在影片中所流逝的时间。

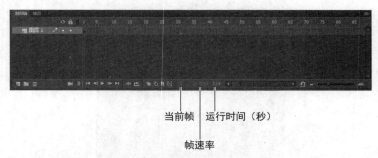

当前帧　运行时间（秒）

帧速率

"时间轴"还包含图层，它有助于在文档中组织作品。当前项目只含有一个图层，名为"图层 1"。可以把图层看作堆叠在彼此上面的多个幻灯片。每个图层都包含一幅出现在"舞台"上的不同图像，可以在一个图层上绘制和编辑对象，而不会影响另一个图层上的对象。图层按它们互相重叠的顺序堆叠在一起，使得位于"时间轴"下方图层上的对象在"舞台"上显示时也将出现在底部。单击"图层"选项图标下方的每个图层的圆点，可以隐藏、锁定或只显示图层内容轮廓。

图层名称　显示或隐藏图层

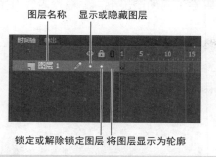

锁定或解除锁定图层　将图层显示为轮廓

更改时间轴的外观

您可以调整时间轴的外观，以适应您的工作流程。当您想要查看更多图层时，请从时间轴右上角的框架视图菜单中选择"较短"选项。"较短"选项会减小帧单元格的行高。"预览"和"关联预览"选项显示时间轴中关键帧的内容的缩略图版本。

您也可以通过选择"很小""小""一般""中"或"大"来更改帧边框单元格的宽度。在这本书中，我们以默认的，"一般"的大小显示时间轴帧。

要更好地控制时间轴帧大小，请拖动"调整时间线视图"滑块。滑块调整帧的大小，以便您可以看到更多或更少的时间轴。单击"重置时间轴缩放到默认级别"按钮，将时间轴视图还原为其正常大小。

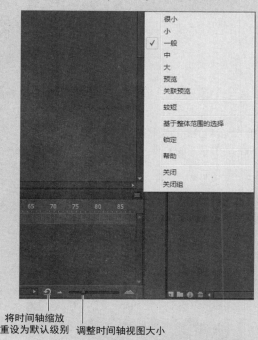

将时间轴缩放
重设为默认级别　调整时间轴视图大小

1.6.1　重命名图层

一种好的做法是把内容分隔在不同的图层上，并根据内容对图层进行命名，方便以后可以轻松地查找所需的图层。

1. 在"时间轴"中选择现有的图层。

2. 双击图层的名称并重命名为"background"。

3. 在名称框外单击，应用新名称。

4. 单击锁形图标下面的圆点锁定图层。锁定图层可以防止意外更改。

图层名称后面带有斜线的铅笔图标表示此图层已经锁定，无法对其进行编辑。

1.6.2　添加图层

新的 Animate 文档只包含一个图层，但是可以根据需要添加许多图层。上方图层中的对象将叠盖住下方图层中的对象。

1. 在"时间轴"中选择"background"图层。

2. 选择"插入" > "时间轴" > "图层"，也可以单击"时间轴"下面的"新建图层"按钮。新图层将出现在 background 图层上面。

3. 双击新图层并重命名为"photo1"。在名称框外单击，应用新名称。

"时间轴"上现在有两个图层。Background 图层包含背景照片，而其上方的新创建的 photo1 图层是空的。

4. 选择顶部名为 photo1 的图层。

5. 如果"库"面板还没有打开，可选择"窗口">"库"将其打开。

6. 从"库"面板中把名为 photo1.jpg 的库项目拖到舞台上。photo1 图像将出现在"舞台"上，并且会叠盖住背景 JPEG 图像。

7. 选择"插入">"时间轴">"图层"或单击"时间轴"下面的"新建图层"按钮（▣），添加第 3 个图层。

8. 把第 3 个图层重命名为"photo2"。

> **An** **注意**：当您添加更多图层并且重叠的图形变得更复杂时，单击图层中眼睛图标下面的点可以隐藏任何图层的内容。或者，按住 Shift 键并单击眼睛图标下方的点，使图层透明，以便您可以看到下面的内容。隐藏或使图层透明只会影响您在 Animate 中看到项目的方式——它不会影响最终导出的项目。双击图层图标以在"图层属性"对话框中修改透明度级别。

处理图层

如果不想要某个图层，可以轻松地删除。其方法是选取并单击"时间轴"下面的"删除"按钮。

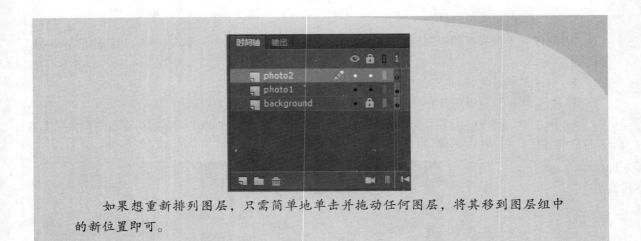

如果想重新排列图层，只需简单地单击并拖动任何图层，将其移到图层组中的新位置即可。

1.6.3 插入帧

现在，在"舞台"上有一张背景图片以及另一张重叠的图片，但是整个动画时间只有一帧。要在"时间轴"上创建更多的时间，必须添加额外的帧。

1. 在 background 图层中选择第 48 帧。使用时间线右下角的"调整时间轴视图"滑块来展开时间轴帧，以便更容易识别第 48 帧。

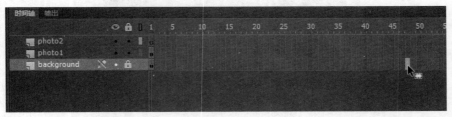

2. 选择"插入">"时间轴">"帧"（F5 键），也可以单击鼠标右键，然后从弹出的菜单中选择"插入帧"。Animate 将在 background 图层中添加帧，一直到所选的位置（第 48 帧）。

3. 在 photo1 图层中选择第 48 帧。

4. 选择"插入">"时间轴">"帧"（F5 键），也可以单击鼠标右键，然后从弹出的菜单中选择"插入帧"。

Animate 将在 photo1 图层中添加帧，直到所选的位置（第 48 帧）。

5. 在 photo2 图层中选择第 48 帧，并向这个图层中插入帧。

现在动画中有 3 个图层，它们在"时间轴"上全都有 48 个帧。由于 Animate 文档的帧频是 24 帧 / 秒，因此目前的动画将持续 2 秒钟的时间。

选取多个帧

就像可以按住 Shift 键在桌面上选取多个文件一样，您也可以按住 Shift 键在 Animate 的"时间轴"上选取多个帧。如果有多个图层，并且希望在所有图层中都插入一些帧，则可按住 Shift 键，并在所有图层中希望添加帧的位置单击，然后选择"插入">"时间轴">"帧"。

1.6.4 创建关键帧

关键帧指示着"舞台"上内容的变化。在"时间轴"上利用圆圈表示关键帧，空心圆圈表示在特定的时间特定的图层中没有任何内容，实心黑色圆圈则表示在特定的时间特定的图层中具有某些内容。例如，background 图层在第 1 帧中包含一个实心关键帧（黑色圆圈），photo1 图层也在第 1 帧中包含一个实心关键帧。这两个图层都包含图片，不过，photo2 图层在第 1 帧中包含一个空心关键帧，这表示它目前是空的。

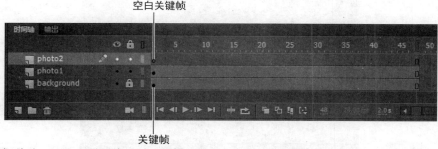

现在我们将在 photo2 图层中，在所希望显示下一张图片的位置插入一个关键帧。

1. 在 photo2 图层上选择第 24 帧。在选择一个帧时，Animate 将会在"时间轴"下面显示帧编号。

2. 选择"插入">"时间轴">"关键帧"（F6 键），新的关键帧（以空心圆圈表示）将出现在 photo2 图层中的第 24 帧中。

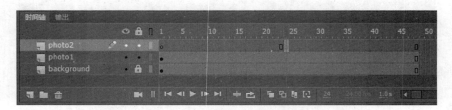

3. 在 photo2 图层中的第 24 帧处选择新的关键帧。

4. 从"库"中把 photo2.jpg 项目拖到舞台上。

第 24 帧中的空心圆圈将变成实心圆圈，表示 photo2 图层中现在有了内容。在第 24 帧有一张图片出现在"舞台"上。您可以从"时间轴"上面单击红色播放头并把它拖到"偏远位置"，或沿着"时间轴"的任意位置看看"舞台"上所发生的事情。背景图片和 photo1 会沿着整个"时间轴"保持在"舞台"上，而 photo2 则只会出现在第 24 帧。

理解帧和关键帧是掌握 Animate 所必需的。一定要理解 photo2 图层包含的 48 个帧，并且带有两个关键帧，一个是位于第 1 帧的空白关键帧；另一个是位于第 24 帧的实心关键帧。

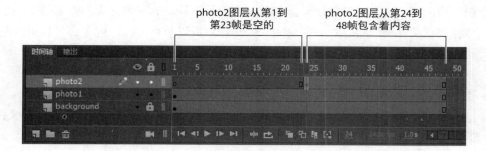

photo2图层从第1到
第23帧是空的

photo2图层从第24到
48帧包含着内容

1.6.5 移动关键帧

如果希望延迟或提早显示 photo2.jpg,则需要移动关键帧,使其沿着"时间轴"延迟或提前出现。可以沿着"时间轴"轻松地移动任何关键帧,只需要选择并拖动关键帧到一个新位置即可。

1. 选择 photo2 图层上第 24 帧中的关键帧。

2. 移动光标,将会看到光标旁的一个方框图标,它表示可以重新定位关键帧。

3. 在 photo2 图层中,单击并拖动关键帧到第 12 帧。

现在,photo2.jpg 将提前出现在"舞台"上的动画中。

清除关键帧

如果想清除关键帧,不要按Delete键,这样做将删除关键帧中"舞台"上的内容。应该选取关键帧,然后选择"修改">"时间轴">"清除关键帧"(Shift+F6组合键),这样将从"时间轴"中删除关键帧。

1.7 在"时间轴"中组织图层

此时,当前的 Animate 文件只有 3 个图层,即 background 图层、photo1 图层和 photo2 图层。要为这个项目添加额外的图层,像大多数项目一样,最终您将需要管理多个图层。图层文件夹有助于组合相关的图层，使"时间轴"保持组织有序而易于管理，就像把为桌面上的文档创建文件夹一样。尽管创建文件夹需要花费一些时间，但是往后可以节省时间，因为您可以很清楚地知道如何寻找到特定的图层。

1.7.1 创建图层文件夹

对于这个项目，我们将继续为额外的图片添加图层，并且将把这些图层存放在图层文件夹中。

1. 选择 photo2 图层，并单击"新建图层"按钮。

2. 把该图层命名为"photo3"。

3. 在第 24 帧插入一个关键帧。

4. 从"库"中把 photo3.jpg 拖到"舞台"上。现在有 4 个图层。上面的 3 个图层包含来自科尼岛的风景图片，它们出现在不同的关键帧中。

5. 选择 photo3 图层，并单击"新建文件夹"图标（ ▣ ）。新的图层文件夹将出现在 photo3 图层上面。

6. 把该文件夹命名为"photos"。

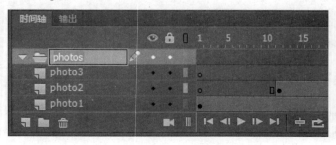

1.7.2　往图层文件夹中添加图层

现在把各个图片图层添加到 photos 文件夹中。在安排图层时，记住 Animate 将会按照各个图层出现在"时间轴"中的顺序来显示，上面的图层出现在前面；下面的图层则出现在后面。

1. 把 photo1 图层拖到 photos 文件夹中。注意粗线条只是图层的目的地。当把图层放在文件夹内时，图层名称将变成缩进形式。

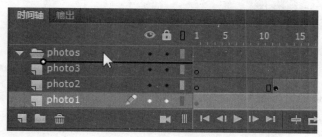

2. 把 photo2 图层拖到 photos 文件夹中。

3. 把 photo3 图层拖到 photos 文件夹。

现在 3 个图层都位于 photos 文件夹中。

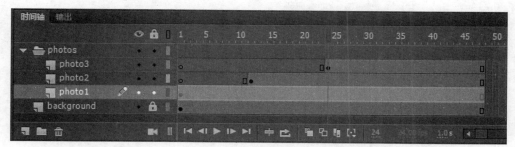

可以通过单击箭头折叠文件夹，再次单击箭头可展开文件夹。如果删除一个图层文件夹，那么也会删除此图层文件夹内的所有图层。

剪切、粘贴和复制图层

当管理多个图层和图层文件夹时，可以通过使用剪切、粘贴和复制图层命令来使工作流程更加简单和有效率。被选中图层的所有属性都会被复制和粘贴，包括帧、关键帧、所有动画以及图层名和类型。可以复制并粘贴任何图层文件夹及其内容。

要剪切或复制图层或图层文件夹，先选中它们，然后用鼠标右键单击图层，在弹出的菜单中选择"剪切图层"或"拷贝图层"。

再次用鼠标右键单击"时间轴"，选择"粘贴图层"命令，被复制或剪切的图层就会被粘贴到"时间轴"中。使用"复制图层"命令可以同时完成复制和粘贴图层操作。

可以从 Animate 的菜单中"剪切""粘贴"或"复制"图层。选择"编辑" > "时间轴" > "剪切图层""拷贝图层""粘贴图层"或"复制图层"即可。

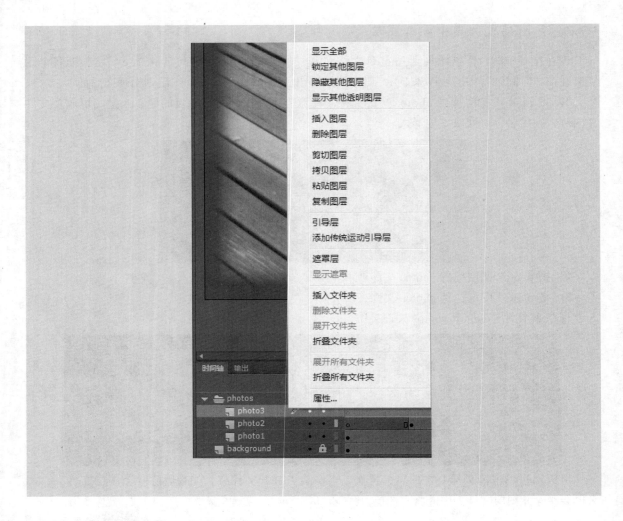

1.8 使用属性面板

通过"属性"面板可以快速访问您最可能需要的属性。"属性"面板中显示的内容取决于选取的内容。例如，如果没有选取任何内容，"属性"面板中将包括用于常规 Animate 文档的选项，包括更改"舞台"颜色和尺寸等；如果选取"舞台"上的某个对象，"属性"面板将会显示它的 x 坐标和 y 坐标，以及它的高度和宽度，还包括其他一些信息。可使用"属性"面板移动舞台上的图片。

在"舞台"上定位对象

利用"属性"面板移动图片，还可使用"变形"面板旋转图片。

1. 在 photo1 图层中，在第 1 帧处选择"舞台"上的 photo1.jpg。蓝色框线表示选取的对象。
2. 在"属性"面板中，将 x 值输入"50"，y 值输入"50"，然后按 Enter（Windows）或

Return（Mac）键应用这些值。也可以简单地在 x 值和 y 值上单击并拖动鼠标，来更改图片的位置，图片将移动到"舞台"的左边。

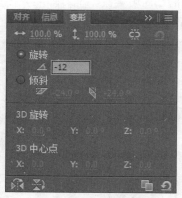

注意：如果"属性"面板没有打开，选择"窗口"＞"属性"，也可以按 Ctrl+F3 组合键（Windows）或 Command+F3 组合键（Mac OS）来打开"属性"面板。

从"舞台"的左上角度量 x 值和 y 值。x 开始于 0，并向右增加；y 开始于 0，并向下增加。导入图片的定位点（registration point）位于图片左上角。

3. 选择"窗口"＞"变形"，打开"变形"面板。

4. 在"变形"面板中，选择"旋转"，并在"旋转"框中输入"-12"，或在单击并拖动这个值来更改旋转角度。然后按 Enter（Windows）或 Return（Mac）键来应用这个值。"舞台"上选中的图片将逆时针旋转 12°。

5. 选择 photo2 图层的第 12 帧，单击"舞台"上的 photo2.jpg。

6. 使用"属性"面板和"变形"面板以一种有趣的方式定位和旋转第二张图片。设置 x 值为 80、y 值为 50，"旋转"值为 6，使之与第一张图片产生某种对比效果。

7. 选择 photo3 图层的第 24 帧，单击"舞台"上的 photo3.jpg。

8. 使用"属性"面板和"变形"面板来以一种有趣的方式定位和旋转第 3 张图片。设置 x 的值为 360、y 的值为 65，"旋转"值为 -2，现在所有的图片看起来都不一样了。

使用面板

在Animate中所做的任何事情几乎都会涉及面板。在本课程中，要使用"库"面板、"工具"面板、"属性"面板、"变形"面板、"历史记录"面板和"时间轴"。在以后的课程中，将使用"动作"面板、"颜色"面板、"对齐"面板以及其他可以控制项目不同方面的面板。由于这些面板是Animate工作区的一个组成部分，因此需要学会如何管理面板。

要在Animate中选取打开面板，可以从"窗口"菜单中选择其名称。

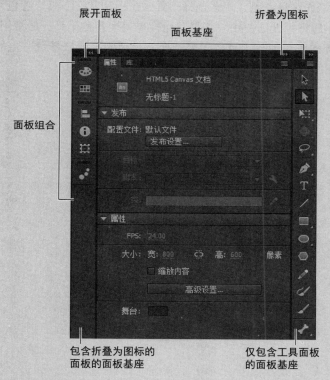

展开面板　　　　　　　　　　折叠为图标

面板基座

面板组合

包含折叠为图标的　　　　　　仅包含工具面板
面板的面板基座　　　　　　　的面板基座

单独的面板可以自由浮动，并且可以在基座（dock）、组或堆栈（stack）中组合。

- 基座是垂直列中的面板或面板组的集合。基座靠在用户界面的左边缘或右边缘。
- 组是可以放置在基座内或可以自由浮动的面板集合。
- 堆栈类似于基座，但可以放置在接口中的任何地方。

在默认的"基本功能"工作区中，大多数面板都组织在屏幕右侧的3个基座中。时间轴和输出面板分组在底部，舞台位于顶部。但是，您可以将面板移动到任何方便您的位置。

- 要移动面板，请通过其选项卡将其拖动到新位置。
- 要移动面板组或堆栈，请按选项卡旁边的区域将其拖动。

当面板，组或堆栈通过其他面板，组，基座或堆栈时，将出现一个蓝色突出显示的放置区域。如果在放置区域可见时释放鼠标按钮，则面板将添加到组，基座或堆栈中。

1.9 使用"工具"面板

"工具"面板位于工作区最右侧，包含选择工具、绘图和文字工具、着色和编辑工具、导航工具以及其他工具选项。您将频繁地使用"工具"面板来切换各种工具，最常用的是"选择"工具，即在"工具"面板顶部的黑色箭头工具，用来选择"时间轴"或"舞台"上的项目。选择了一个工具之后，在面板底部的选项区域会有更多的选项和设置。

选择和变形工具

绘图工具

编辑工具

选项

选择和使用工具

当选择一种工具时，"工具"面板底部可用的选项以及"属性"面板将会发生变化。例如，当选择"矩形"工具时，将会出现"对象绘制"模式和"贴紧至对象"选项。当选择"缩放"工具时，将会出现"放大"和"缩小"选项。

"工具"面板中包含许多工具，以至于不能同时显示。有些工具在"工具"面板中被分成组，在一个组中只会显示上一次选择的工具。工具按钮右下角的小三角形表示在这个组中还有其他工具。单击并按住可见工具的图标，即可查看其他可用的工具，然后从菜单中选择一种工具。

下面您将使用"多角星形工具"为您的短动画添加一些装饰。

1. 在时间轴中选择文件夹，然后单击新建图层按钮。

2. 将新图层命名为"stars"。

3. 锁定其下面的其他图层，这样您不会意外地移入其他东西。

4. 在时间轴中，将播放头移到第 36 帧，然后选择"stars"图层中的第 36 帧。

5. 选择"插入" > "时间轴" > "关键帧"（F6），在"stars"图层的第 36 帧处插入新关键帧。您将此图层的第 36 帧创建星星的形状。

6. 在"工具"面板中，选择六角形形状的多角星形工具。

7. 在"属性"面板中，单击铅笔图标旁边的彩色正方形，然后选择红色对角线。

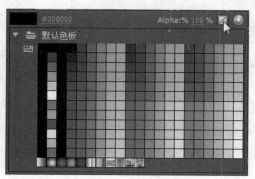

红色对角线表示笔划无颜色。

8. 单击颜色桶图标旁边表示填充颜色的彩色正方形，然后选择一种明亮，爽快的颜色，例如黄色。您可以单击右上角的色轮以访问 Adobe Color Picker，或者可以更改右上角的 Alpha 百分比，从而确定透明度。

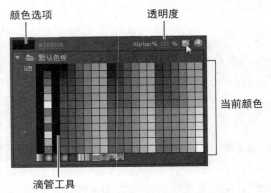

颜色选项　　　　透明度

当前颜色

滴管工具

9. 在"属性"面板中，单击"工具设置"下的"选项"按钮。将出现"工具设置"对话框。

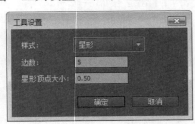

10. 对于样式，选择星形。对于边数，输入 5，对于星点大小，输入 0.5。单击"确定"按钮。这些选项决定了您星星的形状。

11. 选中标题图层第 36 帧的空关键帧。单击要开始添加星星的舞台，然后拖动调整星星的宽度。单击并移动光标来旋转星星。制作不同大小和不同旋转角度的多个星星。

12. 单击"选择工具"，退出"多角星形工具"。

13. 如果需要，使用"属性"面板或"变形"面板在舞台上重新定位或旋转星星。或者，选择"选择工具"，然后单击选中星星并将其拖动到舞台上的新位置。当您在舞台上拖动星星时，"属性"面板中的 x 和 y 值将更新。

14. 您本节课的动画完成了！将文件中的时间轴与最终文件 01End.fla 中的时间轴对比一下。

1.10 在 Animate 中撤销执行的步骤

在理想世界中，所有的一切都按计划进行，但是，有时会需要回退一步或两步，并重新开始。在 Animate 中，可以使用"撤销"命令或"历史记录"面板撤销执行的步骤。

要在 Animate 中撤销单个步骤，可选择"编辑">"撤销"，也可以按 Ctrl+Z 组合键（Windows）或 Command+Z 组合键（Mac）。要重做已经撤销的步骤，可选择"编辑">"重做"。

要在 Animate 中撤销多个步骤，最简单的方法是使用"历史记录"面板，它会显示自打开当前文档起执行的 100 个步骤的列表。关闭文档就会清除其历史记录，要访问"历史记录"面板，可选择"窗口">"历史记录"。

例如，如果对最近添加的文本不满意，就可以撤销所做的工作，并把 Animate 文档返回到以前的状态。

1. 选择"编辑">"撤销"，撤销所执行的最后一个动作。可以多次选择"撤销"命令，回退"历史记录"面板中列出的许多步骤。可以选择"编辑">"首选参数"，更改"撤销"命令的最大数量。

2. 选择"窗口">"历史记录"，打开"历史记录"面板。

3. 把"历史记录"面板的滑块向上拖动到犯错误之前的步骤，在"历史记录"面板中，那个位置以下的步骤将会灰显，并将从项目中被删除。要添加回某个步骤，可以向下移动滑块。

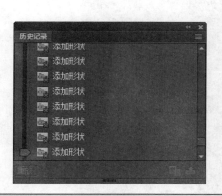

注意：如果先在"历史记录"面板中删除一些步骤，再执行另外的步骤，那么删除的步骤将不再可用。

1.11 预览影片

在处理项目时，好的做法是频繁地预览，以确保实现了想要的效果。要快速查看动画或影片在观众眼里的样子，可以选择"控制">"测试影片">"在 Animate 中"，也可以按 Ctrl+Enter（Windows）

组合键 /Command+Return（Mac）组合键预览影片。

1. 选择"控制">"测试"。

Animate 将在与 FLA 文件相同的位置创建发布所需的文件，然后在默认的浏览器中打开并播放该文件。

Animate 会在这种预览模式下自动循环播放影片。

如果不想让影片循环播放，可选择"文件">"发布设置"，取消选中"循环时间轴"选项。

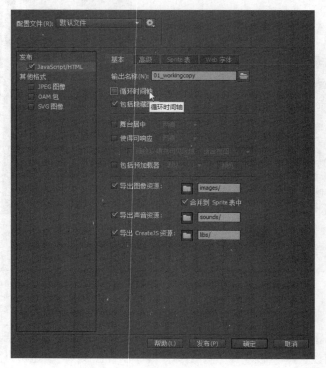

2. 关闭预览窗口。

1.12 修改内容和"舞台"

在开始学习本课时，我们先以 800 像素 ×600 像素创建了一个舞台。然而，之后的客户可能会需要不同大小的动画来适应不同的布局。例如，他们需要一个更小的、具有不同长宽比的版本作为横幅广告。或需要一个运行在 AIR 或 Android 设备上的、具有不同大小的版本。

幸运的是，即使所有的内容都放置完毕，也可以修改"舞台"。当修改"舞台"大小时，Animate 提供了缩放"舞台"上的内容的选项，可以成比例地自动缩小或放大所有内容。

改变"舞台"大小和内容缩放

将使用不同的"舞台"大小创建这个动画项目的另一个版本。

1. 在"属性"面板中，可以看到当前"舞台"的大小被设置为 800 像素 ×600 像素。单击"高级设置"按钮，出现"文档设置"对话框。

2. 在"宽"和"高"文本框中，输入新的像素大小。"宽"中输入 400，"高"中输入 300。

您可以单击"宽"和"高"字段之间的链接图标来限制舞台的比例。选择该链接图标后，更改一个维度会自动按比例更改其他维度。

3. 选中"缩放内容"选项。

4. 保持"锚记"选项不变。

5. "锚记"选项可以在新"舞台"比例不同时，提供更改大小之后的内容的位置选择。

6. 单击"确定"按钮。

Animate 将修改"舞台"大小，并自动调整所有内容的大小。如果新的大小与原始的大小不成比例，Animate 将会最大化地调整所有的内容以使其适应新的大小。也就是说如果新"舞台"比原来的宽，那么在"舞台"右边将会有多余的空间。如果新"舞台"比原来的更高，那么在"舞台"的底部将会有多余的空间。

7. 选择"文件">"另存为"。

8. 在"另存为"对话框中，对保存类型选择"Animate 文档（*.fla）"，并命名为 01_workingcopy_resized.fla。

您现在有两个 Animate 文件，内容相同但"舞台"大小不同。关闭这个文件并且重新打开 01_workingcopy.fla 来继续学习本课。

1.13　保存影片

有句关于多媒体制作的俗语叫"早保存，常保存。"应用程序、操作系统和硬件的崩溃总是发生得特别频繁，而且总是在意想不到并且特别不合适的时候。所以经常保存影片来保证当崩溃发生时，不会损失太多。

Animate 能极大地减轻这种丢失工作的担忧。为了预防崩溃，"自动恢复"功能将会创建一个备份文件。

 注意：如果在打开的文档中有未保存的修改，Animate 将在文档窗口最上方的文件名后面加上一个星号来提醒。

1.13.1　使用"自动恢复"来备份

"自动恢复"功能是针对 Animate 应用程序的所有文档的一项首选参数。

"自动恢复"功能所保存的备份文件可以在崩溃时有另外一个可选的恢复文件。

1. 选择"编辑">"首选参数"出现"首选参数"对话框。

2. 从左侧边栏选择"常规"选项卡。

3. 选中"自动恢复"选项，并且输入一个 Animate 创建备份文件的间隔时间（分钟）。

4. 单击"确定"。

Animate 将会在备份文件的文件名开头加上"RECOVER_"并保存在与原来文件相同的位置。这个文件在文档被打开期间一直存在，当关闭文档或安全退出 Animate 的时候这个文件将会被删除。

1.13.2 保存 XFL 格式文档

虽然已经将 Animate 影片保存为 FLA 文件，但是也可以选择以一种未压缩的格式（称为 XFL 格式）来保存影片。XFL 格式实际上是文件的文件夹，而不是单个文档。XFL 文件格式将展示 Animate 影片的内容，使得其他开发人员或动画师可以轻松地编辑文件或资源，无需在 Animate 应用程序中打开影片。例如，"库"面板中所有导入的图片都会出现在 XFL 格式内的一个 LIBRARY 文件夹中。可以编辑库图片或使用新图片来替换它们，Animate 将自动在影片中进行这些替换操作。

1. 打开 01_workingcopy.fla 文件，选择"文件" > "另存为"。

2. 将文件命名为"01_workingcopy.xfl"并且选择"Animate 未压缩文档（*.xfl）"。然后单击"保存"按钮。

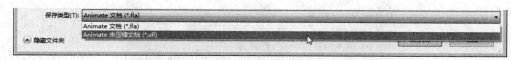

Animate 将创建一个名为"01_workingcopy"的文件夹，其中包含了 Animate 影片的所有内容。

3. 选择"文件" > "关闭"，关闭 Animate 文档。

1.13.3 修改 XFL 文档

在这一步中，可修改 XFL 文档的 LIBRARY 文件夹，以更改 Animate 影片。

1. 打开 01_workingcopy 文件夹内的 LIBRARY 文件夹。该文件夹包含导入到 Animate 影片中的所有图像。

2. 选择 photo3.jpg 文件并删除。

3. 从 01Start 文件夹中拖动 photo4.jpg 文件，并把它移到 01_workingcopy 文件夹内的 LIBRARY 文件夹中。然后把 photo4.jpg 重命名为"photo3.jpg"。

用新图像换出 LIBRARY 文件夹中的 photo3.jpg，可自动在 Animate 影片中执行相应的更改。

4. 要打开 XFL 文档，可以双击 .xfl 文件。此时，使用替换的 photo4.jpg 图像交换"时间轴"关键帧 24 中的最后一幅图像。

An ┃ **注意**：要了解如何保持 Animate CC 的最新版本，并了解 Animate 中您可以使用到的帮助来源，请参阅本书开头的"入门指南"。

复习题

1. 什么是"舞台"？

2. 帧与关键帧之间的区别是什么？

3. 什么是隐藏的工具，怎样才能访问？

4. 指出在 Animate 中用于撤销步骤的两种方法，并描述它们。

5. 保存 Animate 文件时，如果要在不打开 Animate 中的文件的情况下换出资源，应选择哪种文件格式？

复习题答案

1. "舞台"是用户中观看影片播放时所看到的矩形区域。它包含出现在屏幕上的文本、图像和视频。存储在"舞台"外面的粘贴板上的对象不会出现在影片中。

2. 帧是"时间轴"上的时间度量。在"时间轴"上利用圆圈表示关键帧，并且表示"舞台"内容中的变化。

3. 由于在"工具"面板中同时有太多的工具要显示，就把一些工具组合在一起，并且只显示该组中的一种工具（最近使用的工具就是显示的工具）。在一些工具图标上出现了小三角形，表示有隐藏的工具可用。要选择隐藏的工具，可以单击并按住显示的工具图标，然后从菜单中选择隐藏的工具。

4. 在 Animate 中可以使用"撤销"命令或"历史记录"面板撤销步骤。要一次撤销一个步骤，可以选择"编辑" > "撤销"。要一次撤销多个步骤，可以在"历史记录"面板中向上拖动滑块。

5. 以 XFL 格式保存 Animate 文件，即可以在不编辑 Animate 文件本身的情况下对其存储文件的资源进行替换或编辑。

第2课 创建图形和文本

2.1 课程概述

在这一课中，将学习如何执行以下任务：

- 绘制矩形、椭圆及其他形状
- 修改所绘制对象的形状、颜色和大小
- 理解填充和笔触设置
- 创建和编辑曲线以及可变宽度笔触
- 使用艺术和图案画笔进行有表现力的绘图创造
- 使用标签色板快速编辑颜色
- 应用渐变和透明度
- 创建和编辑文本
- 将网络字体添加到 HTML5 Canvas 文档中
- 在"舞台"上分布对象
- 将作品导出到 SVG（可缩放矢量图形）

学习该课程需要大约 120 分钟。

您可以在 Adobe Animate CC 中使用矩形、椭圆和线条创建有趣的、复杂的图形和插图，将其与渐变、透明度、文本和滤镜结合起来，甚至可以创建更精彩的效果。

2.2 开始

首先我们先看看将在本课程中创建的动画影片。

1. 双击 Lesson02/02End 文件夹中的 02End.html 文件，查看最终的项目。

这个项目是简单的静态横幅广告的插图。这幅插图用于一家虚拟的名为 Mug 咖啡的公司，它正在为其商店和咖啡做宣传。在本课程中，您将绘制一些形状并修改它们，以及学习组合简单的元素来创建更复杂的画面。您暂时还不会创建任何动画。毕竟，您必须学会走了才可以学会跑！学习创建和修改图形是使用 Animate 进行任何动画之前的一个重要步骤。

2. 选择"文件">"新建"。在"新建文档"对话框中选择"HTML5 Canvas"。

3. 在"属性"面板中，把"舞台"的大小设置为 700 像素 ×200 像素，并把"舞台"的颜色设置为浅褐色（#CC9966）。

4. 选择"文件">"保存"。把文件命名为"02_workingcopy.fla"并把它保存在 02Start 文件夹中。立即保存文件是一种良好的工作习惯，可以确保当应用程序或计算机崩溃时所做的工作不会丢失。

2.3 了解笔触和填充

Animate 中的每幅图形都始于一种形状。形状由两部分组成：填充（fill）和笔触（stroke），前者是形状里面的部分，后者是形状的轮廓线。如果可以记住这两个组成部分，就可以比较顺利地创建美观、复杂的画面。

填充和笔触是彼此独立的，因此可以轻松地修改或删除其中一个部分，而不会影响到另一个部分。例如，可以利用蓝色填充和红色笔触创建一个矩形，以后可以把填充更改为紫色，并完全删除红色笔触，最终得到的是一个没有轮廓线的紫色矩形，也可以独立地移动填充或笔触，因此如果想移动整个形状，就要确保同时选取填充和笔触。

2.4 创建形状

Animate 包括多种绘图工具，它们在不同的绘制模式下工作。许多创建工作都开始于像矩形和椭圆这样的简单形状，因此能够熟练地绘制、修改它们的外观以及应用填充和笔触是很重要的。

您将从绘制一只咖啡杯开始。

2.4.1 使用"矩形"工具

咖啡杯实质上是一个圆柱体，它是一个顶部和底部都是椭圆的矩形。首先绘制矩形主体，把复杂的对象分解成各个组成部分，方便更容易地绘制。

1. 从"工具"面板中选中"矩形"工具（）。确保没有选择"对象绘制"图标（▣）。

> **注意**：在 Animate CC、HTML 文件和许多其他的应用程序中，每种颜色都有一个十六进制的值。"#"号之后的 6 位数代表红、绿、蓝的颜色数值。

2. 从"工具"面板底部选择笔触颜色（✏）和填充颜色（🖍）。为笔触选择 #663300（深褐色），为填充选择 #CC6600（浅褐色）。

3. 在"舞台"上绘制一个矩形，其高度比宽度稍大一点。在第 6 步中可以指定矩形的准确大小和位置。

4. 选取"选择"工具（▸）。

5. 在整个矩形周围拖动"选择"工具，选取完整的笔触和填充。当一个形状被选取时，Animate 将会用对其用白色虚线显示。也可以双击某种形状，Animate 将同时选取该形状的笔触和填充。

6. 在"属性"面板中，"宽"中输入"130"，"高"中输入"150"。然后按 Enter（Windows）键或 Return（Mac）键应用这些值。

2.4.2 使用"椭圆"工具

现在将创建咖啡杯顶部的杯口和圆形的底部。

1. 在"工具"面板中，选择"椭圆"工具。

2. 确保启用了"贴紧至对象"选项（🧲），该选项会强制让"舞台"上绘制的形状相互贴紧，以确保线条和角相互连接。

3. 在矩形内单击并拖动，创建一个椭圆。"贴紧至对象"选项使得椭圆的边紧贴着矩形的边。

4. 在矩形底部附近绘制另一个椭圆。

<table>
<tr><td>An</td><td>**注意：**Animate 将对矩形和椭圆应用默认的填充和笔触，它们是由上一次应用的填充和笔触决定的。</td></tr>
</table>

2.5 进行选择

要修改对象，首先要选择它的不同部分。在 Animate 中，可以使用"选择""部分选取"和"套索"这些工具进行选择。通常，使用"选择"工具选择整个对象或对象的一个选区。"部分选取"工具允许选择对象中特定的点或线。利用"套索"工具，可以绘制任意的选区。

选择笔触和填充

1. 在"工具"面板中，选取"选择"工具（🔲）。

2. 单击并选取椭圆顶部上面的填充部分。椭圆顶部上面的形状将高亮显示。

3. 按 Delete 键。这样就删除了所选的形状。

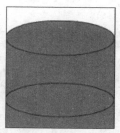

4. 按 Shift 键并选取顶部的椭圆上面的 3 条线段，按 Delete 键删除。这样就删除了各个笔触，只保留了连接到矩形的顶部的椭圆。

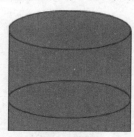

5. 现在按下 Shift 键并选择底部的椭圆下面的填充和笔触，以及杯底里面的圆弧，并按 Delete 键。余下的形状看上去就像一个圆柱体。

2.6 编辑形状

在 Animate 中绘图时，通常开始于"矩形"或"椭圆"工具，但是要创建更复杂的图形，则需要使用其他工具修改这些基本形状。"任意变形"工具、"复制"和"粘贴"命令以及"选择"工具可以把普通的圆柱体变形成咖啡杯。

2.6.1 使用"任意变形"工具

使咖啡杯底的边缘变窄一些，这样咖啡杯看起来将更逼真。您可使用"任意变形"工具更改它的总体形状。利用"任意变形"工具，可以更改对象的比例、旋转或斜度，或通过在边框周围拖动控制点来扭曲对象。

1. 在"工具"面板中，选择"任意变形"工具（ ▨ ）。

2. 在"舞台"上围绕圆柱体拖动"任意变形"工具以选取它。

圆柱体上将出现变形手柄。

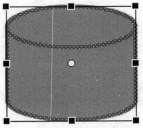

3. 在向里拖动其中一个角时按 Ctrl+Shift（Windows）组合键或 Command+Shift（Mac）组合键，以同时把两个角移动相同的距离。

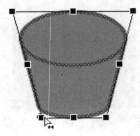

4. 在形状外面单击，取消选择。

圆柱体的底部将变窄，而顶部比较宽，现在看起来更像是一只咖啡杯。

 注意：如果在移动某个控制点时按 Alt 键或 Option 键，将相对于其变形点（通过圆圈图标表示）缩放对象。可以在对象内的任意位置或对象外面拖动变形点。按 Shift 键可以约束对象比例。按 Ctrl（Windows）键或 Command（Mac）键可以操作单个控制点使对象变形。

2.6.2 使用"复制"和"粘贴"命令

使用"复制"和"粘贴"命令，可以轻松地在"舞台"上复制形状。通过复制和粘贴咖啡杯的上边缘可以制作出咖啡的液面。

1. 按住 Shift 键，并选择咖啡杯开口的上圆弧和下圆弧。

2. 选择"编辑" > "复制"（Ctrl+C 组合键或 Command+C 组合键），复制椭圆顶部的笔触。

3. 选择"编辑" > "粘贴到中心位置"（Shift+Ctrl+V 组合键或 Shift+Command+V 组合键）。

在"舞台"上就会出现复制的椭圆，并在您原来图形的上方出现，其中复制出来的形状处于被选中状态。

4. 在"工具"面板中，选择"任意变形"工具，在椭圆上将出现变形句柄。

5. 在向里拖动角时按 Shift 键和 Alt 或 Option 键，使椭圆缩小 10%。按 Shift 键可以一致地更改形状，使椭圆维持其表面的比率。按 Alt 或 Option 键将从其变形点更改形状。

6. 选择"编辑"＞"粘贴到中心位置"（Shift+Ctrl+V 组合键或 Shift+Command+V 组合键）来多增加一个复制的椭圆。

7. 选择自由变换工具。按住新椭圆的一个角并按着 Shift 键向内拖动，使新椭圆再缩小 10%。

8. 把椭圆拖到咖啡杯的边缘上，使之叠盖住前边缘。您也可以按住下箭头来微调所选的椭圆。

9. 在选区外面单击，取消选择椭圆。

10. 选取较小的椭圆的下部分并删除，现在咖啡杯中就好像装有咖啡一样。

2.6.3 更改形状轮廓

利用"选择"工具，可以推、拉线条和角，更改任何形状的整体轮廓，它是处理形状时快速、直观的方法。

1. 在"工具"面板中，选取"选择"工具。

2. 移动光标，使之接近于咖啡杯的某一个边缘。在光标附近将出现一条曲线，表示可以更改笔触的曲度。

3. 单击并向外拖动笔触。咖啡杯的边缘将弯曲，使得咖啡杯稍微有点凸出。

4. 单击并稍微向外拖动咖啡杯的另一个边缘。咖啡杯现在就具有更圆滑的形状。

> **An** | **注意：** 在拖动形状的边缘时按住 Alt 或 Option 键可以添加新的角。

2.6.4 更改笔触和填充

如果要更改任何笔触或填充的属性，可以使用"墨水瓶"工具或"颜料桶"工具。"墨水瓶"工具更改笔触颜色；"颜料桶"工具更改填充颜色。

1. 在"工具"面板中，选择"颜料桶"工具（ 🪣 ）。

2. 在"属性"面板中，选择一种更深的褐色（#663333）。

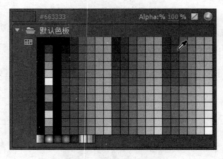

3. 单击杯中咖啡的液面。顶部椭圆的填充将变成更深的褐色。

4. 在"工具"面板中,选择"颜料桶"工具下面的"墨水瓶"工具()。

5. 在"属性"面板中,选择一种再深一点的褐色(#330000)。

6. 单击咖啡液面上面的顶部笔触。咖啡液面周围的笔触将变成再深一点的褐色。

 注意:如果"颜料桶"工具改变了周围区域中的填充,那么可能就有较小的间隙允许填充溢出。封闭间隙,或在"工具"面板底部为"颜料桶"工具选择封闭不同的间隙大小。

 注意:也可以选择笔触或填充,并在"属性"面板中更改其颜色,而无需使用"颜料桶"或"墨水瓶"工具。

Animate绘制模式

Animate提供了3种绘制模式,它们决定了"舞台"上的对象彼此之间如何交互,以及如何编辑。默认情况下,Animate使用合并绘制模式,也可启用对象绘制模式,或使用"基本矩形"及"基本椭圆"工具,以使用基本绘制模式。

合并绘制模式

在这种模式下,Animate将会合并所绘制的重叠的形状(如矩形和椭圆),使得多种形状看起来就像是单个形状一样。如果移动或删除已经与另一种形状合并的形状,合并的部分就会永久删除。

对象绘制模式

在这种模式下,Animate不会合并绘制的对象,它们仍将泾渭分明,甚至当重叠时也是如此。要启用对象绘制模式,可选择要使用的工具,然后在"工具"面板中的选项区域中单击"对象绘制"图标。

要把对象转换为形状(合并绘制模式),可选取对象并按Ctrl+B组合键或Command+B组合键。要把形状转换为对象(对象绘制模式),可选取形状并选择"修改">"合并对象">"联合"。

  当使用"基本矩形"工具或"基本椭圆"工具时，Animate将把形状绘制为单独的对象。与普通对象不同的是，可以使用"属性"面板轻松地修改基本矩形的边角半径，以及修改基本椭圆的开始角度、结束角度和内径。

2.7　使用渐变填充和位图填充

  填充（fill）是绘制对象的里面部分。现在您使用了纯褐色填充，但是也可以应用渐变或位图图像（比如 JPEG 文件）作为填充，也可以使指定对象没有填充。

  在渐变（gradient）中，一种颜色将逐渐变成另外一种颜色。Animate 可以创建线性（linear）渐变或径向（radical）渐变，前者沿着水平方向、垂直方向或对角线方向改变颜色；后者从一个中心焦点向外改变颜色。

  对于本课程，将使用线性渐变填充给咖啡杯添加三维效果。为了在咖啡顶部展现泡沫的效果，将会导入一幅位图图像用作填充，可以在"颜色"面板中导入位图文件。

2.7.1　创建渐变变换

  在"颜色"面板中定义要在渐变中使用的颜色。默认情况下，线性渐变将把一种颜色转变成另一种颜色，但是在 Animate 中，渐变可以使用多达 15 种颜色变换。颜色指针（color pointer）决定了渐变在什么地方从一种颜色变为另一种颜色，可以在"颜色"面板中的渐变定义条下面添加颜色指针，以添加颜色变换。

  在咖啡杯的表面创建从褐色转变成白色再转变成深褐色的渐变效果，以表现出圆滑的外观。

1. 选取"选择"工具。选取表示咖啡杯正面的填充。

2. 打开"颜色"面板（选择"窗口">"颜色"）。在"颜色"面板中，单击"填充颜色"图

标并选择"线性渐变"。这样，可以从左到右利用一种颜色渐变填充咖啡杯的正面。

3. 在"颜色"面板中选择位于颜色渐变左边的颜色指针（当选择它时，它上面的三角形将变成黑色），然后在十六进制值框中输入"FFCCCC"，并按 Enter（Windows）键或 Return（Mac）键，应用该颜色。也可以从拾色器中选择一种颜色，或双击颜色指针从色板中选择一种颜色。

4. 选择最右边的颜色指针，然后为深褐色输入"B86241"，并按 Enter（Windows）键或 Return（Mac）键，应用该颜色。咖啡杯的渐变填充将在其表面上从浅褐色逐渐变为深褐色。

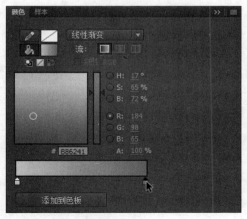

5. 在渐变定义条下单击，创建新的颜色指针。

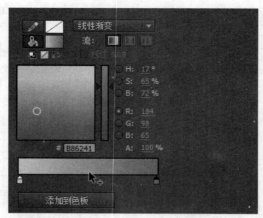

6. 把新的颜色指针拖到渐变的中间位置。

7. 选择新的颜色指针，然后在十六进制值框中输入"FFFFFF"，为新颜色制定白色，并按 Enter（Windows）键或 Return（Mac）键，应用该颜色。

咖啡杯的渐变填充将在其表面上从浅褐色逐渐变为白色再变为深褐色。

8. 单击"舞台"其他位置，取消选择"舞台"上的填充。选择"颜料桶"工具，并且确保取消选择"工具"面板底部的"锁定填充"选项（▣）。

"锁定填充"选项将把当前渐变锁定到应用它的第一个形状，并使得后续的形状扩展使用该渐变。如果在咖啡杯的背面应用一种新的渐变，可取消选择"锁定填充"选项。

9. 利用"颜料桶"工具选取咖啡杯的背面。

对咖啡杯的背面应用渐变。

2.7.2　使用"渐变变形"工具

除了为渐变选择颜色和定位颜色指针之外，还可以调整渐变填充的大小、方向和中心。为了挤压咖啡杯正面中的渐变以及颠倒背面中的渐变方向，将使用"渐变变形"工具。

1. 选择"渐变变形"工具（"渐变变形"工具与"任意变形"工具组织在一起）。

2. 单击咖啡杯的正面，出现变形句柄。

3. 向里拖动边界框的边线上的方块句柄压紧渐变。拖动中心圆圈把渐变向左移动，使得白色亮区定位于中心稍稍偏左一点。

4. 单击咖啡杯的背面，将显示变形句柄。

5. 拖动边界框角上的圆形句柄把渐变旋转 180°，使得渐变从左边的深褐色渐渐减弱到白色再到右边的浅褐色。

咖啡杯现在看上去更加逼真了，因为阴影和亮区使得正面看上去是凸起的，而背面则是凹陷的。

2.7.3 添加位图填充

添加一层泡沫，使这个咖啡杯看上去更奇特一点。这里将使用一幅泡沫的 JPEG 图像作为位图填充。

1. 利用"选择"工具选取咖啡顶部的液面。

2. 打开"颜色"面板（选择"窗口" > "颜色"）。

3. 选择"位图填充"。

4. 在"导入到库"对话框中，导航到 Lesson02/02Start 文件夹中的 coffeecream.jpg 文件。

5. 选择 coffeecream.jpg 文件，并单击"打开"按钮。

这样就会用泡沫图像填充咖啡顶部的液面，咖啡杯就制作完成了！把包含完整绘图的图层命名为 coffee cup。剩余的全部工作是添加一些气泡和热气。

2.7.4 组合对象

既然已经完成了咖啡杯的创建，那么就可以使之成组了。组可以把形状与其他图形的集合保存在一起以保持完整性。当元素组合在一起时，可以把咖啡杯作为一个单元移动，而无需担心它与底层的形状合并。因此可以使用组来组织绘图。

1. 选取"选择"工具。

2. 选取组成咖啡杯的所有形状。

3. 选择"修改"＞"组合"。咖啡杯现在就是单个组。在选取它时，蓝色外框线表示其边界框。

4. 如果想更改咖啡杯的任何部分，可以双击组以编辑它。

"舞台"上所有其他的元素都会变暗淡，并且"舞台"上面的顶部水平条将显示"场景1组"。这表示现在已位于特定的组中，并且可以编辑其内容。

← 场景 1 组

5. 单击"舞台"顶部水平条中的"场景1"图标或双击"舞台"上的空白部分，返回到主场景。

 注意： 要把组改回它的成分形状，可以选择"修改"＞"取消组合"，也可以按 Shift+Ctrl+G 组合键（Windows）或 Shift+Command+G 组合键（Mac）。

2.8 使用可变宽度笔触

使用自定义线条样式可以为笔触选择不同的线条样式。除了实线，也可以选择点、虚线或锯齿线，甚至可以自定义线条样式。在本课中，将使用"铅笔"工具创建代表咖啡飘起的香气的虚线。

2.8.1 添加装饰线条

为了让咖啡图更具个性，可以为它添加一些有趣的线条。

1. 在"时间轴"里创建一个新图层并命名为"coffee aroma",这个图层用来画线条。

2. 在"工具"面板中,选择"铅笔"工具()。在"工具"面板底部选择"平滑"选项。

3. 在"属性"面板中,选择深褐色,Alpha 值 50%。

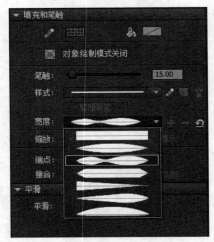

4. "笔触"选择 15 的大小。"样式"选择"实线","宽度"选择"宽度配置文件 2"的设置。

5. 在咖啡上画几条波浪线。Animate 会对每一条波浪线进行渲染,使每一条的宽度都是变化的。虽然它看起来像一个很复杂的形状,但整个对象是一个独立的、可选择的笔触。

 提示:您可以对像任何其他笔触一样编辑可变宽度笔触线条。使用"选择"和"部分选择"工具来弯曲曲线或移动锚点。

2.8.2　编辑线条宽度

您可以巧妙地调整线条中在哪里出现凸起,以及有多少凸起。使用"宽度"工具进行这些编辑。

1. 在"工具"面板中，选择"宽度"工具（）。

2. 将鼠标指针移动到一个可变宽度笔触上。锚点沿着线条出现，指示线的粗细部分位于何处。

3. 拖动任意定位点处的手柄以更改线的宽度。让其中一些限制和凸起变得更夸张。

4. 沿着笔触拖动锚点以移动其位置。

5. 沿着笔触任意位置拖动以添加新的锚点并定义该位置处的宽度。Animate 在指针旁边显示一个小加号，表示您可以添加锚点。

> **An** 提示：当您只想修改可变宽度线的一侧时，按住 Alt/Option。

> **An** 提示：要删除可变宽度线的锚点，请单击以选择锚点，然后按退格 / 删除。

2.9 使用色板和标签色板

　　色板是预设的颜色样本。通过"样本"面板（窗口 > 样本或 Ctrl + F9/ Command + F9）访问它们。您还可以将您在图形中使用的颜色保存为新色板，以便以后可以随时调用。

　　标签色板是具有特殊标记的色板，链接到正在使用它们的舞台上的图形。如果您在"样本"面板中更改了标签色板，所有使用这些标签色板的图形都将更新。

2.9.1 保存色板

　　现在您将对用于咖啡杯香气上的棕色新建并保存一个色板。

1. 选取"选择"工具，然后单击咖啡杯上方的可变宽度笔触。

2. 打开"样本"面板（Ctrl + F9/ Command + F9），或单击"样本"图标。

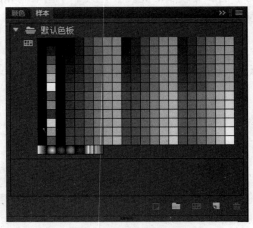

"样本"面板打开后，在底部一行显示了默认的渐变颜色。

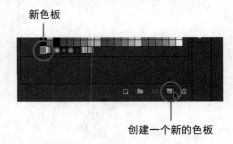

新色板

创建一个新的色板

3. 单击"样本"面板底部的"创建一个新的色板"。新的色板将显示您选择的咖啡香气的确切颜色和透明度信息。

2.9.2 创建带标记的色板

　　您将把保存的色板转换为带标记的色板，并将其用于所有咖啡香气。

1. 选择咖啡香气颜色样本后，单击"样本"面板底部的"转换为带标记的色板"。

将显示"带标记颜色的定义"对话框。

2. 在名称字段中输入"coffee steam",然后单击"确定"按钮。

对话框关闭,新的标记色板出现在"样本"面板的"带标记的色板"部分中。

2.9.3 使用带标记的色板

现在您将对所有的咖啡上方的香气使用新的带标记的色板。

1. 选取"选择"工具,按住 Shift 键,单击杯子上方全部的咖啡香气。

2. 打开"样本"面板。

3. 选择"coffee steam"标记的色板。

所选图形将使用带标记的色板作为其颜色。在"属性"面板中，颜色右下角的白色三角形指示表示这是一个带标记的色板。

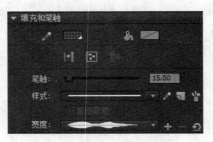

2.9.4 更新带标记的色板

当您必须更新您的项目时，带标记的色板的真实效果是显而易见的。假设艺术总监或您的客户不喜欢咖啡蒸汽的颜色。由于每条蒸汽都使用一个带标记的色板，您可以简单地更新带标记的色板的颜色，并使用该标记的色板更新所有使用该色板的图形。

1. 打开"样本"面板。

2. 在"样本"面板的"带标记的色板"部分中，双击"coffee steam"的色板。

将打开"标记颜色定义"对话框，其中包含名称和颜色信息。

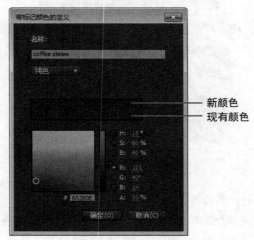

3. 将颜色更改为不同的棕色色调。新颜色显示在颜色预览窗口的上半部分。单击"确定"关闭对话框。

新的颜色信息被保存，所有使用带标记色板的图形将更新为新颜色。

2.10 创建曲线

您已经使用过"选择"工具对形状的边缘进行拉动和推压来直观地制作曲线。为了更精确的控制，您可以使用"钢笔"工具。

2.10.1 使用钢笔工具

现在您将创建一个舒缓，波浪形的背景图形。

1. 选择"插入">"时间轴">"图层"，然后将新图层命名为"dark brown wave"。

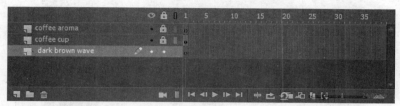

2. 将图层拖动到图层的底部。

3. 锁定所有其他图层。

4. 在"工具"面板中，选择钢笔工具（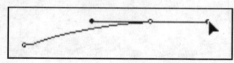）。

5. 将笔触颜色设置为深棕色，Alpha 设置为 100%。"样式"选择"极细线"选项，"宽度"选择"均匀"。

6. 单击舞台的左边缘建立第一个锚点来开始绘制形状。

7. 将鼠标指针移动到舞台上，然后按住鼠标按钮——不要释放！——放置下一个锚点。继续按住鼠标按钮并沿您希望线所在的方向继续拖动鼠标。您将从新锚点拖出一条方向线，当您释放鼠标按钮时，您将在两个锚点之间创建一条平滑的曲线。

要了解有关使用钢笔工具绘制的更多信息，请参阅侧栏"使用钢笔工具创建路径"。

8. 继续在舞台上向右移动鼠标，按住并拖出方向线以构建波形的轮廓。继续穿过舞台的右边缘，然后单击一次以设置角点。

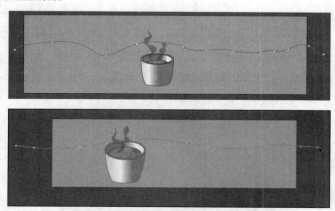

9. 在上一个角点下方单击一次，然后在舞台上向左绘制一条波浪线，与第一条曲线类似（但

不完全平行）。

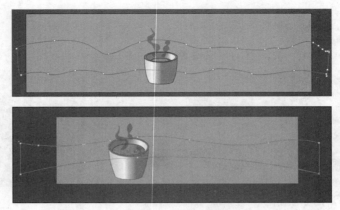

注意不要将锚点直接放置在上一行的锚点下面，以便波形具有自然的轮廓。

10. 继续让下方波浪线通过舞台左边缘，然后在初始锚点下方单击以放置另一个角点。

11. 单击第一个锚点来关闭形状。

12. 选择"颜料桶"工具。

13. 将填充颜色设置为深棕色。

14. 单击刚才创建的轮廓内部，以填充颜色。

15. 单击"选择"工具，然后单击轮廓以将其选中，按删除键删除笔触。

2.10.2 利用"选择"和"部分选取"工具编辑曲线

在第一次尝试创建平滑的波浪时，结果可能不是很好。可以使用"选择"工具或"部分选取"工具美化波浪曲线。

1. 选取"选择"工具。

2. 把光标悬停在一条线段上，如果看到光标附近出现了曲线，这就表示可以编辑曲线。如果光标附近出现的是一个角，这就表示可以编辑顶点。

3. 拖动曲线以编辑它的形状。

4. 在"工具"面板中，选择"部分选取"工具（ ▶ ）。

5. 在形状的轮廓线上单击。

6. 把锚点拖到新位置或移动句柄，以美化总体形状。

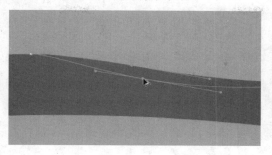

2.10.3 删除或添加锚点

可以使用"钢笔"工具下面的隐藏工具，根据需要删除或添加锚点。

1. 单击并按住"钢笔"工具，访问其下的隐藏工具。

2. 选择"删除锚点"工具（ ✎ ）。

3. 单击形状轮廓线上的一个锚点并删除。

4. 选择"添加锚点"工具（ ✎ ）。

5. 在曲线上单击，添加一个锚点。

使用钢笔工具创建路径

您可以使用"钢笔"工具创建笔直或弯曲、开放或闭合的路径。如果您不熟悉"钢笔"工具，一开始使用时可能会混淆。但若了解路径的元素以及如何使用钢笔工具创建这些元素，将使绘制路径变得更容易。

要创建直线路径，请单击鼠标按钮。第一次单击时，您将设置一个起点。此后您每次单击，都会在前一个点和当前点之间绘制一条直线。要使用钢笔工具绘制复杂的直线路径，只需继续添加点。

要创建曲线路径，请先按下鼠标按钮放置锚点，然后拖动以为该点创建方向线，并释放鼠标按钮。然后移动鼠标放置下一个锚点，并拖出另一组方向线。每个方向线末端的是方向点；方向线和点的位置确定了弯曲段的尺寸和形状。移动方向线和点会重新整形路径中的曲线。

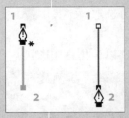

创建直线

平滑曲线通过称为平滑点的锚点连接。尖锐的曲线路径通过角点连接。当在平滑点上移动方向线时，平滑点两侧的曲线段同时调整，但是当您移动角点上的方向线时，只有与方向线位于同一侧的曲线被调整。

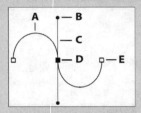

创建曲线
A.曲线段
B.方向点
C.方向线
D.选定锚点
E.未选定的锚点

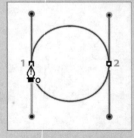

创建封闭路径

路径段和锚点在绘制后可以单独或作为一个组移动。当路径包含多段时，可以拖动单个锚点以调整路径的各个段，或选择路径中的所有锚点以编辑整个路径。使用"部分选取"工具来选择和调整锚点，路径段或整个路径。

封闭路径与开放路径的不同之处在于每个路径的结束方式。要结束一个开放路径，请选择"选择"工具或按Esc。要创建闭合路径，请将"钢笔"工具指针放在起点上（指针将显示一个小º符号），然后单击。关闭路径会自动结束路径。路径关闭后，钢笔工具指针出现一个小的*符号，表示您的下一次单击将开始一个新的路径。

2.11 使用透明度来创建深度感

接下来，您将创建第二个波浪，并使之与第一个波浪部分重叠。让第二个波浪稍微有点透明，来产生一种丰富的、有层次感的效果。透明度可应用于笔触或填充。

2.11.1 修改填充的 Alpha 值

1. 选择"dark brown wave"图层中的形状。
2. 选择"编辑">"复制"。
3. 选择"插入">"时间轴">"图层"，并把新图层命名为"light brown wave"。

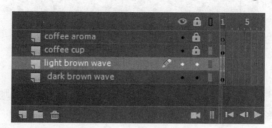

4. 选择"编辑">"粘贴到当前位置"（Ctrl+Shift+V 组合键或 Command+Shift+V 组合键）。"粘贴到当前位置"命令可把复制的项目放到与复制它时完全相同的位置。
5. 选取"选择"工具，并把粘贴的形状稍微左移或右移，以使浪峰稍微偏移。

6. 在"light brown wave"图层中选取形状的填充。
7. 在"颜色"面板中（选择"窗口">"颜色"），将填充颜色设置为稍微不同的褐色色调（CC6666），然后把 Alpha 值更改为 50%。

"颜色"面板底部的色板预留了最近选择的颜色，并通过出现在色板后面的灰色图案来表示透明度。

> **An** **注意**：也可以通过"属性"面板更改形状的透明度，其方法是单击"填充颜色"图标，并在弹出的颜色菜单中更改 Alpha 值。

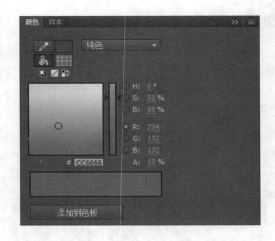

2.11.2 增加阴影

透明填充对创建阴影也是有用的，能够为图像增加深度感，可以为咖啡杯增加投影以及在"舞台"底部增加装饰性的阴影。

1. 选择"插入">"时间轴">"图层"，并将新图层命名为"shadow"。
2. 选择"插入">"时间轴">"图层"，并将第二个新图层命名为"big shadow"。
3. 将 shadow 图层和 big shadow 图层拖曳到图层的底部。

4. 选择"椭圆"工具。
5. "笔触"选择无，"填充"选择深褐色（#663300）并取 Alpha 的值为 15%。
6. 在 shadow 图层中，在咖啡杯底部位置画一个椭圆。

7. 在 big shadow 图层，绘制一个更大的椭圆形，其顶部边缘延伸到舞台的底部下面。

重叠的透明椭圆形为图像增添了丰富，层次分明的样子。

2.12 使用"画笔"工具进行更有表现力的创作

虽然钢笔工具擅长制作精确的曲线，比如您在背景中所创建的波浪形状，但它还不能很好地创建自发的、富有表现力的图像。

要获得更好的绘制效果，可以使用"画笔"工具（）。"画笔"工具允许您创建更生动和自由的形状，并让形状具有重复样式的边框和装饰图案。并且，与使用 Animate 创建的其他图形一样，使用"画笔"工具创建的形状仍然完全基于矢量。

您可以从几十个不同的画笔中进行选择，如果您没有找到可以使用的东西，您可以自定义画笔，甚至创建自己的画笔。

2.12.1 探索画笔库

您将使用"画笔"工具为这幅咖啡馆名称和徽标的横幅广告添加一个小比萨饼图案。您将使用"画笔"工具来模拟粗糙的粉笔书写上面的字母，为咖啡馆品牌提供一点乡村氛围。

1. 在时间轴中，在其他图层之上添加一个新图层，并将其命名为"chalk"。

2. 选择"画笔"工具。在"属性"面板中，选择一个与您图稿中已有的红色和橙色产生对比的漂亮的笔触颜色。在这个例子中，我们选择了一个充满活力的黄色。

3. 在"填充和笔触"部分，笔触大小输入 15。对于咖啡厅上的刻字这是一个很好的宽度。

4. 现在，选择笔刷样式，请单击"画笔库"按钮（"样式"菜单的右侧）。

打开"画笔库"面板。Animate 将所有画笔样式在左侧按不同类别组织：箭头（Arrows）、艺术（Artistic）、装饰（Decorative）、线条艺术（Line art）、图案画笔（Pattern Brushes）和矢量包（Vector Pack）。

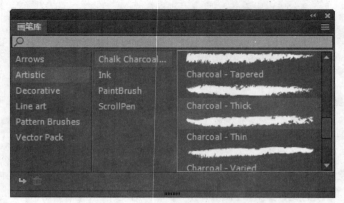

5. 选择其中一个类别并查看子类别，然后选择子类别来查看单个画笔样式。对于本案例，选择 Artistic > Chalk Charcoal Pencil，然后双击 Charcoal – Thick 样式。

现在 Charcoal – Thick 画笔被添加到"样式"菜单中，并成为当前活动的画笔样式。

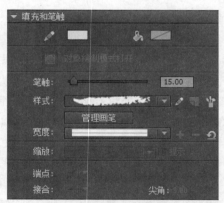

6. 现在，在您的咖啡杯旁边，用画笔手写出咖啡馆的名字"Mug's Coffee"。

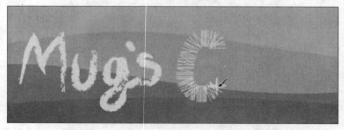

粉笔风格的字体看起来很复杂，但它由一条简单的矢量线所控制。如果选择"选择"或"部分选取"工具并单击其中一个字母，您可以看到每个字母内的笔触。可以使用"变形"工具按住并拉动笔触来移动或编辑它，就像处理任何其他矢量形状一样。

2.12.2　创建新样式

现在是时候在横幅广告周围添加装饰边框了。

1. 在所有其他图层之上创建一个新图层，并将其重命名为"border"。

2. 选择"线条"工具。在"属性"面板中单击"笔触颜色"，然后选择棕色或橙色，以便与其他背景图形协调一致。

3. 在"属性"面板中，单击"样式"旁边的"画笔库"按钮。

打开"画笔库"面板。

4. 选择 Pattern Brushes> Dashed> Dashed Square 1.3。如果您发现更有吸引力的，也可以随便选择。双击您的选择。

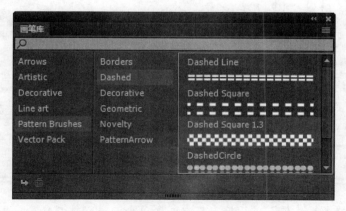

Dashed Square 1.3 的画笔被添加到样式菜单，它成为当前活动的画笔样式。

5. 在舞台的顶部边缘画一条长的水平线，在舞台底部画另一条。舞台顶部和底部的规则图案样式虚线与波浪图案和粉笔风格的字体就形成了完美的对比。

提示：使用"线条"工具绘制时，按住 Shift 键可将工具控制为绘制水平或垂直的线条。

编辑和创建您自己的艺术或图案画笔

您可能无法在画笔库中找到您喜欢的画笔，或者您的项目可能需要非常特定的东西。无论在哪种情况下，您都可以编辑现有画笔，也可以创建一个全新的画笔。图案画笔沿着笔触重复同一个形状，而艺术画笔则顺着笔触伸展基本艺术图案。

要编辑画笔，请单击"属性"面板中"样式"菜单旁边的"编辑笔触样式"按钮。

将出现"画笔选项"对话框，其中包含多个选项以控制画笔应用到基础形状上的方式。

　　艺术画笔和图案画笔有不同的选项。尝试不同的间距、形状重复或拉伸的方式以及如何处理角部和重叠的选项。当您对新画笔满意后，单击"添加"将自定义画笔添加到样式菜单。

　　要创建一个全新的画笔，首先在舞台上创建一些想要基于该画笔的形状。例如，假设要创建火车轨道，请先创建一个应用该样式画笔的基本作品。

　　在舞台上选择该作品；然后在"属性"面板中"样式"菜单旁单击"根据所选内容创建新的画笔"按钮。

出现"画笔选项"面板。

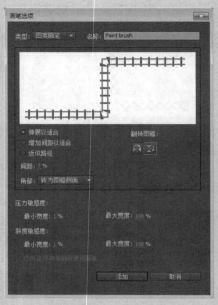

　　从"类型"下拉菜单中，您可以选择艺术画笔或图案画笔，然后再对画笔选项进行细化。预览窗口显示了所选选项的结果。

　　输入新笔刷的名称，然后单击"添加"。您的新笔刷将被添加到您的样式菜单，可供您使用。

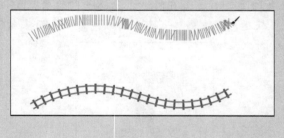

2.12.3　管理画笔

　　如果您已创建了新画笔或自定义现有画笔，则可以将其保存到画笔库。

1. 单击"属性"面板中的"管理画笔"按钮。

出现"管理文档画笔"对话框，显示您当前已添加到"样式"菜单中的画笔。它显示哪些是当前在舞台上使用的，哪些不是。

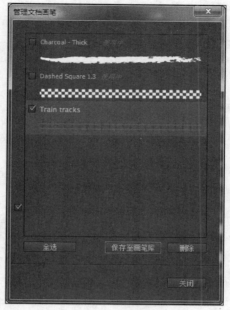

2. 选择要删除或保存到画笔库的画笔。您不能删除当前正在使用的画笔。

3. 如果将画笔保存到画笔库，它将出现在画笔库中名为"我的画笔"的类别中。

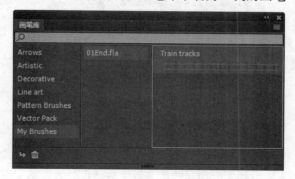

压力敏感的绘图板

　　Animate支持压敏绘图板（如Wacom绘图板）的输入，以控制可变宽度的笔触及艺术或图案画笔。用绘图笔用力按压会产生较宽的笔触，而轻轻地按压则产生较窄的笔触。您可以在"画笔选项"对话框中修改倾斜度或灵敏度百分比，以调整您创建形状的宽度范围。尝试在平板电脑上使用绘图笔来创作可变宽度笔触，以自然、直观的方式创建矢量图像。

旋转舞台以方便绘制

当您在普通纸上创作时，通常更容易通过旋转页面来获得更好的绘制或书写角度。在Animate中，您可以使用"旋转"工具对舞台执行相同的操作。

旋转工具在"工具"面板中的"手形工具"子选项中。

选择"旋转"工具，然后单击舞台以指定由十字准线指示的枢轴点。建立枢轴点后，拖动舞台以将其旋转到所需的角度。

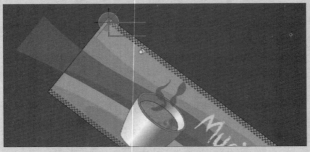

单击舞台顶部的"舞台居中"按钮，可将舞台重置为其正常方向。

2.13 创建和编辑文本

最后，添加一些文本来完成这幅插图。对于文本有很多的选项可供选择。对于本课所使用的HTML5 Canvas 文件，您使用"静态文本"或者"动态文本"均可。

静态文本将使用您（或者设计师）的电脑上的字体来进行简单文本显示。当您在舞台上创建静态文本并发布到 HTML5 项目时，Animate 会自动将字体转换为轮廓。这意味着您不必担心您的受众是否拥有所需的字体，而无法看到您所预期的文本效果。缺点是太多的文本会增加您的文件大小。

使用动态文本来利用 Typekit 或 Google 提供的网络字体。

通过 Creative Cloud 订阅，您可以获得由 Typekit 提供的数千种高质量的字体，通过 Animate 中的"属性"面板可直接访问。通过 Google Fonts，可以获得高质量的开源字体。

在下一个任务中，您将为咖啡馆创建一个标签行以及其产品的一些说明。您将选择一个适当的网络字体并添加文本。

2.13.1 使用"文本"工具添加动态文字

现在您将使用"文本"工具创建文本。

1. 选择最上面的图层。
2. 选择"插入">"时间轴">"图层",然后将新图层命名为"text"。
3. 选择"文本"工具(**T**)。
4. 从"属性"面板的"文本类型"菜单中选择"动态文本"。

5. 在咖啡店名称下拖出一个文本框,从咖啡杯右侧开始,到舞台右边缘结束。

6. 开始输入。输入"Taste the Difference"。

文本可能不合适,可能它不是您想要的大小或字体。不要担心,您将在下一个任务中为文本框选择一种网络字体。

7. 单击"选择"工具,退出"文本"工具。
8. 在舞台上同一图层的标签行下方添加 3 个更小的文本:Coffee、Pastries 和 Free Wi-Fi。

2.13.2　添加 Web 字体

现在,您将链接一个 Web 字体到项目中。确保您可以访问 Internet,因为 Animate 将从 Web 检索可用字体的列表。添加 Typekit 字体和 Google 字体的过程非常相似。在此任务中,您将添加 Typekit 字体。

1. 选择"Taste the Difference"文本，然后在"属性"面板的"字符"部分中单击"添加 Web 字体"（其图标为地球仪），从弹出的菜单中选择 Typekit。

Animate 显示打开 Typekit Web Fonts 的页面。

2. 单击 Get Started。

出现"Add Web Fonts"对话框。

这里列出所有可用的 Typekit 字体。您可以使用右侧的滚动条滚动它们。您还可以搜索特定字体，或使用排序方式或过滤器按钮缩小搜索范围。

3. 现在，仔细阅读字体的范围，选择一个您认为适合这个横幅广告的。在示例文本下单击您选择字体的名称。

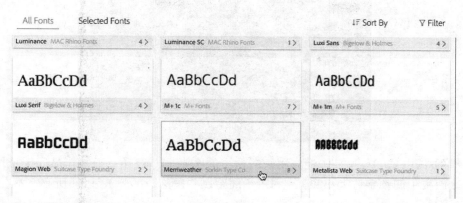

有关所选字体的更多详细信息将被显示，包括不同的样式（斜体、粗体等），其分类（衬线或无衬线）等。

4. 单击"SELECT"按钮。

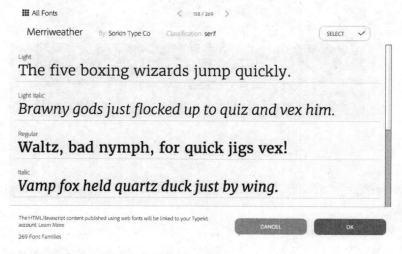

"SELECT"按钮变为蓝色，标签变为已选择。

5. 单击 "OK"。对话框关闭，所选的网络字体将添加到您的项目中。

6. 在 "属性" 面板的 "字符" 部分，从 "系列" 菜单中选择新添加的网络字体。Web 字体列在菜单的最顶部。

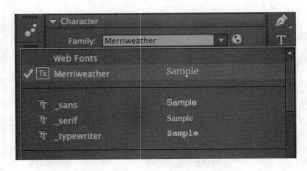

您选择的 Typekit Web 字体将应用于舞台上的文本框。选择一种与作品完美搭配的颜色。在 "属性" 面板中调整字体大小和 / 或间距（间距在 "段落" 部分），以使所有文本在空间中合适地展现。

7. 选择其他 3 个文本，并使用 "系列" 菜单应用相同的网络字体。

2.13.3 标识域

添加 Typekit 网络字体后，您必须确定要托管 HTML5 项目的域。对于 Google 字体，您不需要执行这些步骤。

1. 选择 "文件" > "发布设置"。出现 "发布设置" 对话框。

2. 单击最右侧选项卡上的 "Web 字体" 选项卡。

3. 在空白字段中，输入横幅广告将被托管的网址，包括 http:// 前缀。由于您不会实际上传此示例项目，因此可以随便写一个虚拟的域名或将其留空。

4. 单击 "确定" 关闭对话框。

5. 选择 "控制" > "测试" 以测试项目。

Animate 会在浏览器中显示该广告的预览效果。使用 Web 字体的测试影片输出仅用于预览。使用 "文件" > "发布" 选项生成要上传到服务器的最终文件。

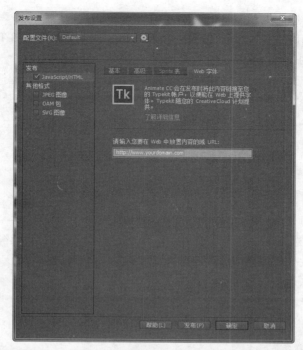

2.13.4　删除 Web 字体

如果您改变主意，您可以轻松地删除 Typekit 网络字体，并选择一个不同的。

1. 选择使用要删除的 Web 字体的文本。

2. 通过选择不同的字体取消选择字体。

在此示例中，取消选择 Merriweather 字体，并选择 _sans 字体。

3. 单击"添加 Web 字体"按钮，然后选择 Typekit 以打开"添加 Typekit Web 字体"对话框。

4. 单击所选字体。Animate 显示为项目选择的所有字体（由蓝色复选标记指示）。

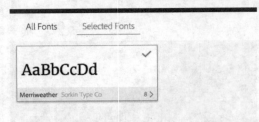

如果字体有灰色复选标记，则表示您仍在舞台上的某些文本中使用它。在从项目中删除字体之前，必须从文本的每一位中取消选择字体。

5. 通过单击字体来取消选择字体。

现在，"所选字体"区域中不显示任何字体。

6. 单击"确定"。"添加 Web 字体"对话框关闭。Web 字体将从"属性"面板中的"系列"菜单中删除。

搜索正确的字体

"添加Web字体"（Add Web Fonts）对话框提供了可帮助您为项目快速方便地找到正确字体的工具。每种字体均显示A、B、C、D四个字母的大小写形式的预览效果。如果要查看更多详细信息，请单击字体名称。示例句子显示了所有不同的风格变体（斜体、粗体、正常等）。您可以使用"排序"（Sort By）按钮组织字体，也可以使用"筛选"（Filter）按钮仅显示某些类型的字体，例如有衬线或无衬线字体，或具有粗和细转换的字体。

了解一点字体对创造优雅和有影响力的Animate项目很有价值。排版——字体形式的研究和实践——是设计中一个微妙但必不可少的部分。每个字母的形状及其与相邻字母和周围白色空间之间的互动影响着整体外观和感觉，以及您项目所包含的情感。

字体的两个主要类别是衬线serif和无衬线sans serif。

衬线Serif字体由构成字母笔画末端的小线来辨别。Times New Roman是最著名的衬线字体示例。Serif字体最适用于长段的文本，因为衬线有助于提高可读性。

Sans serif字体，则缺少在笔画的末端的装饰（"sans"是法语为"没有"）。无衬线字体更清洁，更加尖锐，通常被认为更现代。Helvetica是无衬线字体的最著名的例子。Sans serif字体通常用于较大的显示目的，例如标题或副标题。

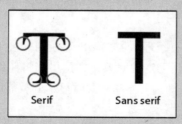

其他类型的字体包括手写体，其模仿书法或装饰，通常更具表现性并且非常独特。在每个类别中有各种各样的变体，您需要时间去思考、搜索，并决定哪种字体最适合您的项目。

2.13.5　匹配现有对象的颜色

如果要精确匹配颜色，可以使用"滴管"工具（）来对填充或笔触进行采样。使用滴管工具单击对象后，Animate 将自动切换到加载了所选颜色及关联属性的"颜料桶"工具或"墨水瓶"工具，以便您可应用于其他对象。

您将使用"滴管"工具来采样其中一种背景波浪图案的颜色，并将其应用于 3 个较小的文本。

1. 选取"选择"工具。
2. 按着 Shift 键选择所有 3 个较小的文本：Coffee、Pastries、Free Wi-Fi。

3. 选择"滴管"工具。
4. 单击 dark brown wave 图层中形状的填充。

所选择的 3 个文本的颜色现在变为了与 dark brown wave 图层的填充相同的颜色。使用相同的颜色有助于统一作品风格。

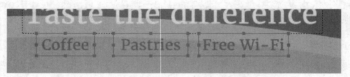

2.14 对齐和分布对象

最后，您将整理文本，使布局有条理。虽然您可以使用标尺（"视图" > "标尺"）和网格（"视图" > "网格" > "显示网格"）来帮助定位对象，在这里您将使用"对齐"面板，当您处理多个对象时，它更有效。您还可以依靠在舞台上移动对象时显示的智能向导来帮您更好地进行布局。

对齐对象

"对齐"面板，您可能会猜到，可以水平或者垂直对齐任何数量的选定对象。它还可以均匀地分布对象。

1. 选取"选择"工具。
2. 选择第一小段文字，Coffee。
3. 向左或向右移动文本框，直到智能向导出现。将所选文本的左边缘与其上方较大文本的左边缘对齐。

4. 选择第 3 小段文字，Free Wi-Fi。

5. 向左或向右移动文本，直到出现智能向导。将所选文本的右边缘与其上方较大文本的右边缘对齐。

6. 选择所有 3 个小文本。

7. 打开"对齐"面板（"窗口" > "对齐"）。

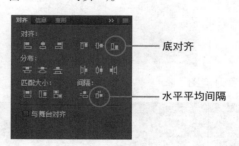

底对齐

水平平均间隔

8. 如果已选择"与舞台对齐"选项，请取消选择。单击"底对齐"按钮。
Animate 将对齐文本的底部边缘。

9. 单击"水平平均间隔"按钮。调整所选文本以使它们之间的空间变得均匀。

An | 提示：您可能需要锁定较低的图层，这样就不会意外地选择较低图层中的形状。

2.15 转换和导出作品

您已经完成了您的作品，由一个简单的分层设计的插图和文本元素组成。但是，您可能仍需要执行其他步骤，以便对其进行优化，以便在最终的发布环境中显示。

2.15.1 将矢量作品转换为位图作品

矢量作品，特别是具有复杂曲线和许多形状和不同线条风格的作品，可能很耗费处理器资源，并且可能在性能不足的移动设备上无法正常播放。"转换为位图"命令提供了一种将舞台上所选作品转换为单个位图的方法，该方法将降低对处理器能力的要求。

一旦您将对象转换为位图，您可以移动它，而不必担心它与底层形状合并。但是，该图形不能再被 Animate 的编辑工具编辑。

1. 选取"选择"工具。

2. 解锁图层。选择 coffee aroma 图层中的咖啡波浪香气线，以及 coffee cup 图层中的咖啡组。

3. 选择"修改">"转换为位图"。

Animate 将一杯咖啡和波浪线转换为单个位图，并将位图存储在"库"面板中。

选择"编辑">"撤消"（Ctrl + Z / Command + Z）可撤销到位图的转换，并将咖啡杯和香气笔画还原为矢量图形。

2.15.2 将作品导出为 PNG，JPG 或 GIF

如果您想要一个 PNG、JPG 或 GIF 格式的简单图像文件，请使用导出图像面板选择格式并调整压缩选项以获得最佳的 Web 下载性能。

1. 选择"文件" > "导出" > "导出图像"。将打开"导出图像"对话框。

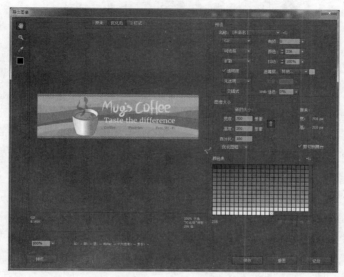

2. 选择适当的文件格式，选择压缩量，选择一个调色板，并比较不同的设置以权衡图像质量和文件大小。您还可以调整图像大小。

Animate 既为创建引人注目的、丰富和复杂的图形和文本相结合的作品提供了强大的创作环境，也提供了这种极具灵活性的输出选项，这将非常有助于推动您所有创意上的追求。

 注意：如果您的 Animate 文档包含多个帧，您还可以选择将其导出为动画 GIF。

将作品导出为SVG

可缩放矢量图形（SVG）是一种常见的基于XML的格式，用于在浏览器中显示矢量图形。您可以将最终作品从Animate导出为SVG，嵌入或链接任何位图图像。导出的SVG将生成项目的静态图像。但是，SVG只支持静态文本。

要将作品导出为SVG，请执行以下操作：

1. 选择"文件" > "导出" > "导出图像（旧版）"。

2. 从文件格式菜单中，选择 SVG 图像（*.svg），然后单击"保存"按钮。

3. 在出现的 ExportSVG 对话框中，选择图像位置中的"嵌入"。

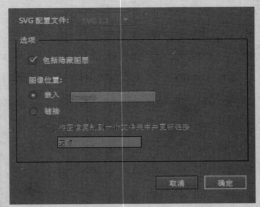

　　"图像位置"选项确定位图图像是编码到SVG文件还是保存为单独的文件，并链接到您的SVG。嵌入图像会创建较大的SVG文件，而链接允许您轻松地交换和编辑图像。

4. 单击"确定"按钮。

　　Animate导出具有在文本文件中编码的任何图像数据的SVG文件。SVG文档是一个标记为HTML文档的文本文件。所有视觉信息，包括角点、曲线、文本和颜色信息，都以紧凑的形式编码。

　　当您在浏览器中打开SVG文件时，它会渲染图像，并保留所有矢量信息。曲线在放大时仍然会保持清晰，并且在您构图中的任何静态文本都是可选择的。

复习题

1. Animate 中的 3 种绘制模式是什么，它们有什么不同？
2. Animate 中的各种选择工具分别在什么时候使用？
3. 您可以使用"宽度"工具做什么？
4. 艺术画笔和图案画笔之间有什么区别？
5. 什么是 Web 字体，以及如何在 HTML5 Canvas 文档中使用它们？
6. "对齐"面板有什么作用？

复习题答案

1. 3 种绘制模式是合并绘制模式、对象绘制模式和基本绘图模式。
   - 在合并绘图模式中，在舞台上绘制的形状合并为单个形状。
   - 在对象绘制模式下，每个对象都是独立的，即使与另一个对象重叠也保持独立。
   - 在"基本绘图"模式中，可以修改对象的角度，半径或圆角半径。
2. Animate 包括 3 个选择工具："选择"工具，"部分选取"工具和"套索"工具。
   - 使用"选择"工具可选择整个形状或对象。
   - 使用"部分选取"工具可选择对象中的特定点或线。
   - 使用"套索"工具可以自由绘制选择区域的形状。
3. 使用"宽度"工具可以编辑笔触的宽度。您可以拖动任何锚点的手柄条以展开或缩小宽度，添加或删除锚点，或沿着笔触移动锚点。
4. 艺术画笔使用基本形状并对其拉伸以匹配矢量笔触，用于模拟一种富于表达性、创造性和美术性的标记。图案画笔则使用重复的基本形状来创建装饰图案。
5. Web 字体是专门为在线查看而创建的在服务器上托管的字体。Animate 提供了 Typekit 和 Google Fonts 两种 Web 字体，可用于 HTML5 Canvas 文档中。
6. "对齐"面板可水平或垂直对齐任意数量的选定元素，并可让这些元素均匀分布。

第3课 创建和编辑元件

3.1 课程概述

在这一课中，将学习如何执行以下任务：

- 导入 Illustrator 和 Photoshop 文件
- 创建和编辑元件
- 了解元件与实例之间的区别
- 在"舞台"上定位对象
- 调整透明度、颜色和可视度
- 应用混合效果
- 利用滤镜应用特效
- 在 3D 空间中定位对象

学习该课程需要大约 90 分钟。

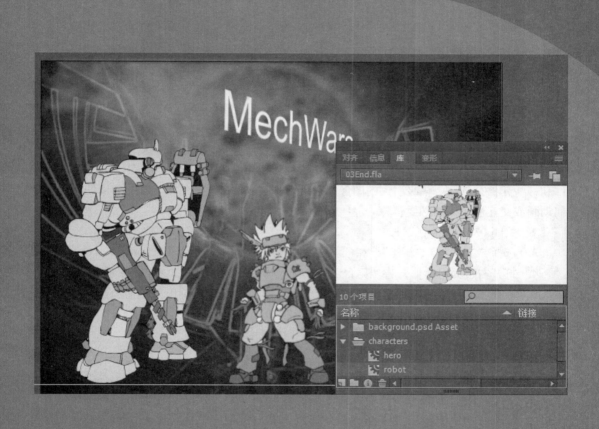

　　元件是存储在"库"面板中的可重复使用的资源。影片剪辑、图形和按钮元件是3种经常要创建的元件，通常被用于特效、动画和交互性。

3.2 开始

我们先查看下最终的项目，来了解在学习使用元件时将要创建的内容。

1. 双击 Lesson03/03End 文件夹中的 03End.html 文件，在浏览器中查看最终的项目。浏览器需要安装 Flash Player。

该项目是一幅卡通画面的静态插图。本课程将使用 Illustrator 图形文件、导入的 Photoshop 文件和一些元件来创建一幅吸引人的图像，它带有一些非常有趣的效果。学习如何使用元件是创建任何动画或交互性效果的必要步骤。

2. 关闭 03End.html 文件。

3. 选择"文件" > "新建"，在"新建文档"对话框中，选择"Action Script 3.0"。

4. 打开右边的对话框，将"舞台"大小设置为 600 像素（宽）× 450 像素（高）。

5. 选择"文件" > "保存"。把文件命名为"03_workingcopy.fla"，并把它保存在 03Start 文件夹下。

3.2.1 导入 Illustrator 文件

在第 2 课中已经学到，在 Animate 中可以使用"矩形""椭圆"及其他工具绘制对象。您还可以在各种应用程序中创建原始图稿，并将其导入 Animate。例如，如果您更熟悉 Adobe Illustrator，您可能会发现在 Illustrator 中更容易设计布局，然后再将它们导入到 Animate 中以添加动画和交互性。

当您导入以 AI 格式保存的 Illustrator 文件时，Animate 将自动识别图层，框架和元件。您可以选择 Animate 如何导入原始文件的不同图层以及如何导入文本（请参阅"使用简单的导入选项"一节）。

在本练习中，您将导入包含卡通框架的所有字符的 Illustrator 文件。

1. 选择"文件" > "导入" > "导入到舞台"。

2. 选择 Lesson03/03Start 文件夹中的 characters.ai 文件。

3. 单击"打开"按钮。出现"导入到舞台"对话框。

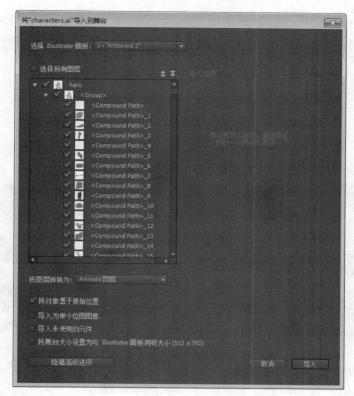

将 Illustrator 组件导入 Animate 有两种模式：一种具有高级选项，另一种没有。默认情况下会显示高级选项，但您可以通过单击面板底部的按钮隐藏或显示高级选项。现在，保持显示高级选项。

4. 在对话框的左侧，Animate 显示了 Illustrator 文件中每个图层中的图形。层名称和层次结构保持与原始 Illustrator 图层的层名称和层次结构相同。

5. 单击"全部折叠"按钮。

Animate 将折叠单独的路径和组，只显示两个名为 hero 和 robot 的图层。

6. 单击 hero 图层，然后在右侧的图层导入选项中选择"创建影片剪辑"。

我们选择从 Illustrator 导入 hero 层作为影片剪辑元件，因为影片剪辑元件支持各种视觉效果，即使是单帧图像。如果选择"导入为位图"选项，Animate 将会将 Illustrator 图形转换为位图图像，而不是保留矢量路径。

7. 选择 robot 图层，并在右侧的选项中，不要选择任何一个图层导入选项。您将看到这两个不同的导入选项如何影响您的组件进入 Animate。

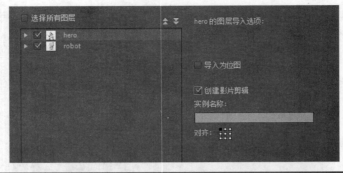

8. 单击"导入"。

来自原始 Illustrator 文件的 hero 和 robot 图层将导入并放置在 Animate 中具有相同名称的图层上。hero 将被转换为影片剪辑元件，并保存到"库"面板。robot 还不是影片剪辑元件（您将在本课程中稍后学习如何在 Animate 中创建影片剪辑元件）。

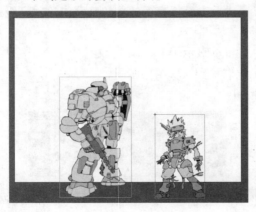

3.2.2 使用简单的导入选项

通常，您不需对选择哪几个图层，或者图层里面单个图形导入到 Animate 中做精确控制。要进行简单、快速、简单的导入过程，请单击对话框左下角的"隐藏高级选项"，然后使用以下选项：

- 图层转换

选择"保持可编辑路径和效果",可以继续在 Animate 中编辑矢量绘图。另一个选项"单平面位图",则将 Illustrator 作品作为位图图像导入。

- 文本转换

选择"可编辑文本"会将文本保留为文本,以便您可以在 Animate 中编辑它。"矢量轮廓"选项将文本转换为与分辨率无关的矢量路径,这些矢量路径不再可以被"文本"工具编辑。如果计算机上没有安装正确的字体,请使用此选项以导入文本。选择"平面化位图图像"会将文本转换为位图图像,这是不可编辑的。

- 将图层转换为

选择"Animate 图层"以保留 Illustrator 中的图层,并将每个图层从 Illustrator 导入为 Animate 中的图层。"单一 Animate 层"选项将 Illustrator 图层平面化为一个"动画"图层,而"关键帧"选项将 Illustrator 图层分为单个 Animate 关键帧。

从Illustrator复制图稿并粘贴到Animate中

如果不需要将整个Illustrator文件导入到Animate中,则可以复制Illustrator文件的某些部分并将其粘贴到Animate文档中。

当您从Illustrator将作品复制并粘贴(或拖放)到Animate中时,将出现"粘贴"对话框。"粘贴"对话框提供要复制的Illustrator文件的导入设置。您可以将文件粘贴为单个位图对象,或者可以使用AI文件的当前首选项来粘贴它。正如在将文件导入舞台或"库"面板时那样,在粘贴Illustrator图稿时,可以将Illustrator图层转换为Animate图层。

导入SVG文件

Animate还可以导入SVG图稿(请参阅上一章中SVG格式的说明)。要导入SVG文件,只需将文件拖放到舞台上,或使用"文件">"导入"命令。在导入过程中,您可以选择将SVG图层转换为Animate图层或关键帧,或将其平面化为单个Animate图层。

3.3 关于元件

元件（symbol）是可以用于特效、动画或交互性的可重用的资源。元件有 3 种：图形、按钮和影片编辑。对于许多动画来说，元件可以减小文件大小和缩短下载时间，因为它们可以重复使用，可以在项目中无限次地使用一个元件，但是 Animate 只会把它的数据存储一次。

元件存储在"库"面板中。当把元件拖到"舞台"上时，Animate 将会创建元件的一个实例（instance），并把原始的元件保存在"库"中，实例是位于"舞台"上的元件的一个副本。可以把元件视作原始的摄影底片，而把"舞台"上的实例视作底片的相片，只需利用一张底片，即可创建多张相片。

把元件视作容器也是有用的。元件只是用于内容的容器，包含 JPEG 图像、导入的 Illustrator 图画或在 Animate 中创建的图画。在任何时候，都可以进入元件内部并编辑，这意味着可以编辑并替换其内容。

Animate 中的全部 3 种元件都用于特定的目的，可以通过在"库"面板中查看元件旁边的图标，辨别它是图形（ ）、按钮（ ）或影片剪辑（ ）。

3.3.1 影片剪辑元件

影片剪辑元件是最常见、最强大、最灵活的元件之一。在创建动画时，通常将使用影片剪辑元件，可以对影片剪辑实例应用滤镜、颜色设置和混合模式，以利用特效丰富其展示。

另一个值得注意的事实是：影片剪辑元件可以包含它们自己独立的"时间轴"。可以在影片剪辑元件内包含一个动画，就像可以在主"时间轴"上包含一个动画那样容易，这使得制作非常复杂的动画成为可能。例如，飞越"舞台"的蝴蝶可以从左边移动到右边，同时使它拍打的翅膀独立于它的移动。

更重要的是，您可以使用 Action Script 控制影片剪辑，使它们对用户做出响应。例如，您可以控制影片剪辑的位置或旋转来创建街机式游戏。或者，可以创建具有拖放行为的电影剪辑，这在构建拼图时很方便。

3.3.2 按钮元件

按钮元件用于交互性。按钮元件包含 4 个独特的关键帧，用于描述当与光标交互时的显示。按钮需要代码来使它们能够工作。

可以对按钮应用滤镜、混合模式和颜色设置。在第 8 课中，当您创建非线性导航模式以允许用户选择所看到的内容时，您将学到关于按钮的更多知识。

3.3.3 图形元件

图形元件是基本类型的元件。通常会使用图形元件来创建更加复杂的影片剪辑元件。图形元件不支持 Action Script，也不能应用滤镜或混合模式。

但是，当您想要在多个版本的图形之间轻松切换时，例如，当需要将嘴唇形状与声音进行同步时，通过在各个关键帧中放置所有不同嘴部形状的图形元件，可以使得语音同步变得容易，这时图形符号就是非常有用的。图形符号还用于将图形符号内的动画与主时间轴进行同步。

3.4　创建元件

您在从 Illustrator 导入资源时学习了如何创建影片剪辑元件。您还可以在 Animate 中创建元件。创建元件有两种主要方法。两种方法都有效；您使用的哪种取决于您喜欢的工作方式。

第一种方法是在舞台上不用选择任何内容，只要在菜单中选择"插入" > "新元件"。Animate 将进入元件编辑模式，您可以开始绘制元件或导入制作元件的图形。

第二种方法是选择舞台上的现有图形，然后将其转换为元件。无论选择了什么，都将自动放置在您的新元件内。大多数设计师喜欢使用第二种方法，因为它们可以在舞台上创建所有图形，并在将各个组件绘制成元件之前一起查看它们。

在本课程中，您将在导入的 Illustrator 图形中选择不同的部分，然后将各个部分转换为元件。

1. 在舞台上，仅选择 robot 图层中的卡通机器人。

2. 选择"修改">"转换为元件"（F8）。将打开"转换为元件"对话框。

3. 将元件命名为 robot，然后从类型菜单中选择影片剪辑（Movie Clip）。

4. 保留所有其他设置。对齐网格指示了元件的中心点（x =0，y =0）和变换点。将注册点选择留在左上角。

5. 单击"确定"。robot 元件将出现在"库"面板中。在"库"面板中，单击 characters.ai 文件夹旁边的三角形，以显示导入时转换为影片剪辑元件的 hero 元件。

您现在在库中有两个影片剪辑元件，每个在舞台上也有一个实例。

3.5　导入 Photoshop 文件

现在您将导入一个 Photoshop 文件来作为背景，该 Photoshop 文件包含两个图层以及一种混合效果。混合效果可以在不同图层之间创建特殊的颜色混合，Animate 在导入 Photoshop 文件时可以保持所有图层不变，并且还会保留所有的混合信息。

与导入 Illustrator 文件的选项一样，将 Photoshop 资源导入 Animate 的方法有两种：一种具有高级选项，另一种不具有。与导入 Illustrator 文件的选项类似，"导入到舞台"的对话框在打开时将显示高级选项。

1. 在"时间轴"中选择顶部的图层。

2. 从顶部的菜单中，选择"文件">"导入">"导入到舞台"。

3. 在 Lesson03/03Start 文件夹中选择 background.psd 文件。

An | **注意**：如果无法选择 .psd 文件，可以从下拉菜单中选择"所有文件"。

4. 单击"打开"按钮。将出现"将'background.psd'导入到舞台"对话框。

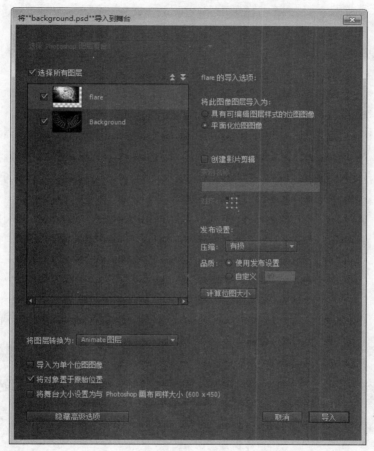

5. 如果隐藏了高级选项，请单击对话框底部的"显示高级选项"。

Animate 显示了 Photoshop 文件的两个不同的图层：一个命名为 flare；另一个命名为 Background。

6. 确保两个图层前面都有一个复选标记，表明它们已选中。如果没有，您可以单击选择"所有图层"选项。

7. 单击 flare 图层以将其突出显示，然后从右侧的选项中选择"具有可编辑图层样式的位图图像"。

8. 选择"Background"图层，然后从右侧的选项中选择"具有可编辑图层样式的位图图像"。

9. 保留所有其他选项的默认设置，然后单击"导入"按钮。

Animate 保存 Photoshop 中的图层，并在 Animate 中创建相同名称的图层。

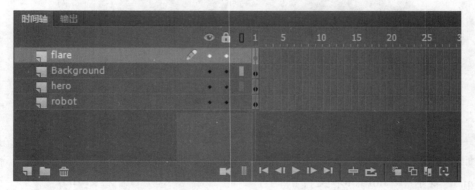

Photoshop 图层将自动转换为影片剪辑元件，并保存在您的库中。影片剪辑元件包含在名为"background.psd 资源"的文件夹中。

所有混合和透明度信息都被保留，并从 Photoshop 图层转换为 Animate 影片剪辑混合属性。要查看此项，请在时间轴中选择 flare 图层，然后单击舞台上的 flare 图像以将其选中。打开"属性"面板，在"显示"部分中，您将看到"混合"菜单中"变亮"选项被选中。

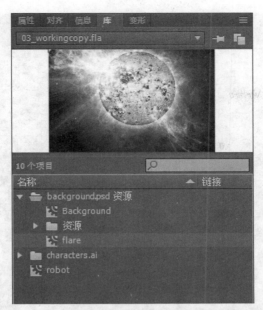

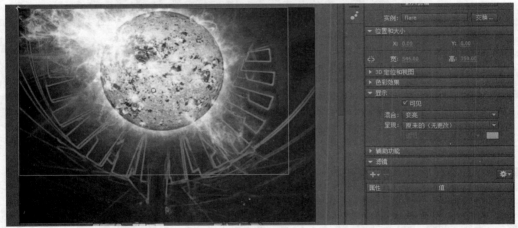

　　您未选择的选项"扁平位图图像",其效果是将图像及其混合和透明效果固定在图像后,并按位图格式导入。亮度效果将永久应用于位图图像本身,而不会作为"属性"面板中的"混合"选项。

10. 将 robot 和 hero 层拖放到时间轴的顶部,使它们与背景图层重叠。

> **提示:**如果您要编辑 Photoshop 文件,则不必再次执行整个导入过程。您可以在舞台上或 Adobe Photoshop CC 中的"库"面板或任何其他图像编辑应用程序中编辑任何图像。右键单击舞台上的图像或"库"面板中的图像,然后选择"使用 Adobe Photoshop 编辑"以在 Photoshop 中编辑,或选择另一个"编辑方式"选项以在首选应用程序中打开图形。Animate 启动应用程序,一旦保存您的更改,图像立即在 Animate 中更新。

 注意：如果想编辑 Photoshop 文件，不必再次执行整个导入过程，可以在 Adobe Photoshop 或任何其他的图像编辑应用程序中的"舞台"上或"库"面板中编辑，只需用鼠标右键单击或按住 Ctrl 键并单击图像，进行编辑即可。Animate 将启动该应用程序，一旦保存了所做的更改，就会立即在 Animate 中更新图像，但要确保用鼠标右键单击或按住 Ctrl 键并单击的是"舞台"上或"库"中的图像，而不是影片剪辑。这通常更容易在库面板中实现。

 注意：您还可以选择更改 Animate 舞台的大小以匹配 Photoshop 画布。但是，当前的舞台已设置为正确的尺寸（600 像素 ×450 像素）。

注意：Photoshop 文件的简单导入选项与 Illustrator 文件的导入选项完全相同。选择"图层转换""文本转换"和"将图层转换为"选项的设置，以实现快速简单的导入过程。

关于图像格式

Animate 支持导入多种图像格式。Animate 可以处理 JPEG、GIF、PNG 和 PSD（Photoshop）文件；对于包含渐变和细微变化（如照片中出现的那些变化）的图像，可以使用 JPEG 文件；对于具有较大的纯色块或黑色和白色线条画的图像，可使用 GIF 文件；对于包括透明度的图像，可使用 PNG；如果想保留来自 Photoshop 文件的所有图层、透明度和混合信息，则可使用 PSD 文件。

把位图图像转换为矢量图形

有时会把位图图像转换为矢量图形，Animate把位图图像作为一系列彩色点（或像素）进行处理，而把矢量图形作为一系列线条和曲线进行处理。这种矢量信息是动态呈现的，因此矢量图形的分辨率不像位图图像那样是固定不变的，这说明可以放大矢量图形，而计算机总会清晰、平滑地显示它。把位图图像转换为矢量图形通常具有使之看起来像"多色调分色相片"的作用，因为细微的渐变将被转换为可编辑的、不连续的色块，这是一种有趣的效果。

要把位图转换为矢量图形，可以把位图图像导入到Animate中。选取位图，并选择"修改"＞"位图"＞"转换位图为矢量图"。

如图3.17所示，下面的两幅图像中，左图是原始位图，右图是矢量图形。

在使用"转换位图为矢量图"命令时一定要小心谨慎，因为与原始位图图像相比，复杂的矢量图形通常要占用更多的内存，并且需要更多的计算机处理器资源。

3.6 编辑和管理元件

现在，在"库"中具有多个影片剪辑元件，并且在"舞台"上具有多个实例。可以通过在文件夹中组织这些元件，更好地在"库"中管理它们。可以随时编辑任何元件，例如，如果想要更改机器人的其中一只手臂的颜色，可以轻松地进入元件编辑模式并进行更改。

3.6.1 添加文件夹和组织"库"

"库"面板提供了用于简化对元件集合的组织的便利工具。

1. 在"库"面板中，用鼠标右键单击或按住 Ctrl 键并单击空白空间，然后选择"新建文件夹"。此外，也可以单击"库"面板底部的"新建文件夹"按钮（ ▣ ）。这会在"库"中创建一个新文件夹。

2. 把该文件夹命名为"characters"。

3. 把 hero 和 robot 影片剪辑元件拖到 characters 文件夹中。您可能需要打开 characters.ai/hero 文件夹来找到 hero 的影片剪辑元件。

4. 可以折叠或展开文件夹，以隐藏或显示内容，并保持"库"有序。

3.6.2 从"库"中编辑元件

您可以直接在"库"中对元件进行编辑，无论他们是否在舞台上被使用。

1. 在"库"中双击 robot 影片剪辑元件。

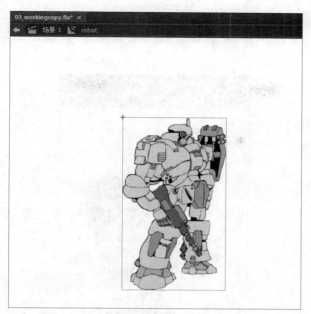

　　在元件编辑模式下，可以查看元件的内容，在这个例子中是"舞台"上的机器人。注意顶部的水平条不再处于"场景 1"中，而是处于名为"robot"的元件内。

2. 在"选择"工具处于活动状态时，双击图形以对其进行编辑。

　　Animate 将向下钻取一组，以显示组成组的所有矢量绘图对象。

3. 单击舞台的空白部分，以取消选择所有内容。

4. 选择"颜料桶"工具。选择新的填充颜色并将其应用于机器人上的绘图组，例如，其肩膀上的特定面板。

5. 单击舞台上方的编辑栏上的场景 1，返回主时间轴。

库中的影片剪辑元件将反映您所做的更改。舞台上的实例也反映您对该元件所做的更改。如果编辑元件，则元件的所有实例都将更改。

注意：在"库"中可以快速、容易地复制元件。选取"库"元件，用鼠标右键单击或按住 Ctrl 键并单击它，然后选择"复制"，或从"库"右上角的"选项"菜单中选择"复制"，在"库"中创建所选元件的精确副本。

3.6.3　就地编辑元件

要在"舞台"上其他对象的环境中编辑元件，可以通过在"舞台"上双击一个实例来执行该任务。进入元件编辑模式能够查看其周围的环境，这种编辑模式称为就地编辑（editing in place）。

1. 使用"选择"工具，双击"舞台"上的 robot 影片剪辑实例。

Animate 将灰显舞台上所有其他的对象，并进入元件编辑模式。注意顶部的水平条，不再处于"场景 1"当中，而是处于名为"robot"的元件内。

2. 双击对象组进行编辑。屏幕上将显示组成元件内部组的绘图组。请注意，编辑栏显示您当前位于 robot 元件内的组中。

3. 选择"颜料桶"工具。选择一种新的填充颜色，并将其应用于机器人的胸板。

4. 单击舞台上方编辑栏上的场景1，返回主时间轴。

您也可以使用"选择"工具在图形外双击舞台的任何部分，以返回下一个更高的组级别。

"库"中的影片剪辑元件反映了所做的修改，"舞台"上的所有元件都会根据对元件所做的编辑工作而发生相应的改变。

3.6.4 分离元件实例

如果不希望"舞台"上的某个对象是一个元件实例，可以使用"分离"命令把它返回到其原始形式。

1. 选取"舞台"上的机器人实例。

2. 选择"修改">"分离"。

Animate 将会分离 robot 影片剪辑实例。留在舞台上的是一个组，也可进一步分离并进行编辑。

3. 再次选择"修改">"分离"。

Animate 将把组分离成它的独立的组件，也就是更小的矢量图像。您还可以再分离一次，Animate 将把图像分离为形状。

4. 选择"编辑">"撤销"，重复几次来将 robot 恢复到元件实例。

3.7 更改实例的大小和位置

"舞台"上可以有相同元件的多个实例。现在，将添加另外几个机器人，创建一支小型的机器人军队，可以学习如何单独更改每个实例的大小和位置（甚至更改其旋转方式）。

1. 在"时间轴"中选择 robot 图层。

2. 从"库"中把另一个 robot 元件拖到"舞台"上。"舞台"上将显示新实例。

3. 选择"任意变形"工具。在所选的实例周围将出现控制句柄。

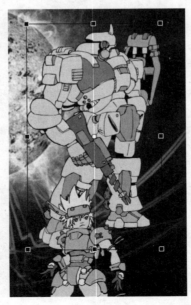

4. 拖动选区两边的控制句柄翻转机器人，使得它面向另一个方向。

5. 在按住 Shift 键的同时拖动选区某个角上的控制句柄，以减小机器人的大小。Shift 键会控制变换时对象的长宽比例不会变化。

6. 从"库"中把第 3 个机器人拖到"舞台"上。利用"任意变形"工具翻转机器人，调整它的大小，并使之与第二个机器人部分重叠。将人物挪动到合适的位置。

机器人军队正在不断发展壮大，要注意不管怎样编辑实例都不会改变"库"中的元件，并且不会影响到其他的实例。而另一方面，改变"库"中的元件将会影响到所有实例。

使用标尺和辅助线

有时需要更精确地放置元件实例。在第 1 课中，学习了如何在"属性"面板中使用 x 和 y 坐标来定位各个对象。在第 2 课中，学习了使用"对齐"面板使多个对象相互对齐。

在"舞台"上定位对象的另一种方式是使用标尺和辅助线。标尺出现在粘贴板的上边和左边，沿着水平轴和垂直轴提供度量单位。辅助线是出现在"舞台"上的水平线或垂直线，但是它不会出现在最终发布的影片中。

1. 选择"视图" > "标尺"（按 Ctrl+Alt+Shift+R（Windows）组合键或 Option+Shift+Command+R（Mac）组合键）。

以像素为单位进行度量的水平标尺和垂直标尺分别出现在粘贴板的上边和左边，在"舞台"上移动对象时，标记线表示边界框在标尺上的位置。当您在舞台上移动对象时，刻度标记表示标尺上的边框位置。x=0 和 y=0 点从舞台左上角开始计算，向右则 X 值增加，向下则 Y 值增加。

2. 单击顶部的水平标尺，并拖动一条辅助线到"舞台"上。

"舞台"上将出现一条彩色线条，可把它用于对齐。

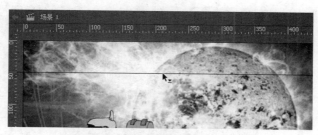

3. 利用"选择"工具双击辅助线，出现"移动辅助线"对话框。

4. 输入"435"作为辅助线的新像素值，然后单击"确定"按钮。

把辅助线定位于距离"舞台"上边缘 435 像素处。

5. 选择"视图">"贴紧">"贴紧至辅助线"，确保选中"贴紧至辅助线"选项。

现在将对象贴紧至"舞台"上的任何辅助线。

6. 拖动 robot 实例和 hero 实例，使得它们的底部边缘与辅助线对齐。

> **注意**：可选择"视图">"辅助线">"锁定辅助线"来锁定辅助线，以防止意外移动它们；可以选择"视图">"辅助线">"清除辅助线"来清除所有的辅助线；可以选择"视图">"辅助线">"编辑辅助线"来更改辅助线的颜色和贴紧精确度。

3.8 更改实例的色彩效果

"属性"面板中的"色彩效果"选项允许更改任何实例的多种属性。这些属性包括亮度、色调和 Alpha 值。

3.8.1 更改亮度

亮度控制显示实例的暗度和亮度。

1. 使用"选择"工具，单击"舞台"上最小的机器人。
2. 在"属性"面板中，从"色彩效果"的"样式"菜单中选择"亮度"。

3. 把"亮度"滑块拖到 -40%。

"舞台"上的 robot 实例将变得更暗，并且看起来好像更遥远。

3.8.2 更改透明度

Alpha 值控制不透明度，减小 Alpha 值将减小不透明度，即增加透明度。

1. 在 flare 图层中选取发光的天体。
2. 在"属性"面板中，从"色彩效果"的"样式"菜单中选择 Alpha。

3. 把 Alpha 滑块拖动到值 50%。

"舞台"上的 flare 图层中的天体将变得更透明。

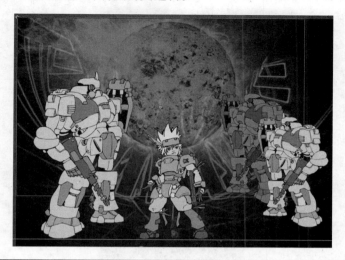

An 注意：要重新设置任何实例的"色彩效果"，可以从"样式"菜单中选择"无"。

3.9 了解显示选项

在影片剪辑的"属性"面板中的"显示"区域提供了用于控制实例的可见、混合和呈现的选项。

3.9.1 影片剪辑的可见选项

可见属性决定了对象是否可见。

通过选择或取消选择"属性"面板中的该选项，可以直接控制"舞台"上的影片剪辑实例的可见属性。

1. 选取"选择"工具。

2. 选择"舞台"上的一个机器人影片剪辑实例。

3. 在"属性"面板中，"显示"区域的下方，"可见"选项默认是选中的，这说明此实例是可见的。

4. 取消选择"可见"复选框。选中的实例将变得不可见。

实例呈现在"舞台"上，可以将它移到新位置，但是依旧对观众不可见。在影片中，使用"可见"选项来使实例显示或不显示，而不是将其整个删掉，也可以使用"可见"选项将不可见的实例预先放置在"舞台"上，之后再通过代码使之可见。

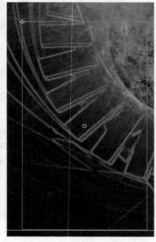

5. 选中"可见"选项使它在"舞台"上重新可见。

3.9.2 了解混合效果

混合是指一个实例的颜色如何同它下面的颜色相互作用。如对 flare 图层中的实例应用"变亮"选项（继承自 Photoshop），使它与 Background 图层中的实例更深地融为一体。

Animate 提供了各种混合选项。您可在"属性"面板的"显示"部分的"混合"菜单中找到它们。其中有一些具有令人惊奇的效果，这依赖于实例中的颜色以及它下面的图层中的颜色。通过试验所有的选项，了解它们如何工作。图 3.46 显示了一些"混合"选项，以及它们对于蓝色到黑色渐变上的 robot 实例的作用。

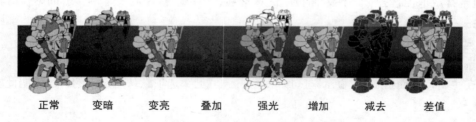

正常　　变暗　　变亮　　叠加　　强光　　增加　　减去　　差值

3.9.3 导出为位图

在本课中的 robots 和 hero 人物是从 Illustrator 导入的包含复杂矢量图形的影片剪辑元件。矢量图形会占用更多的处理器周期，并且影响性能和播放。呈现选项中的"导出为位图"可以解决这个问题。"导出为位图"选项将矢量图转换为位图，降低了性能负荷（增加了内存占用）。然而在 .fla 文件中，影片剪辑依然保留了可编辑的矢量图形，依旧可以更改图像。

1. 选取"选择"工具。

2. 选择"舞台"上的 hero 影片剪辑实例。

3. 在"属性"面板中，将"呈现"选项选择为"导出为位图"。

hero 影片剪辑实例将会呈现出发布时经过渲染的效果。

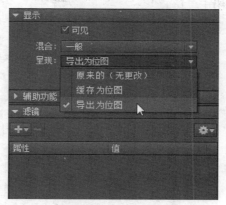

由于图片的网格化，可看到一些 Illustrator 的"软化"效果。

4. 在"呈现"选项下方的下拉菜单中，选择"透明"。

若选择"透明"选项，影片剪辑元件的背景将呈现为透明，也可以选择"不透明"选项，然后为影片剪辑元件选择一个背景颜色。

关于辅助功能

影片剪辑"属性"面板的"辅助功能"部分为使用Flash Player和Microsoft Active Accessibility（MSAA）（后者仅适用于Internet Explorer和Firefox）的视障用户提供了选项。

通过在"属性"面板中输入影片剪辑和子对象（电影剪辑中的电影剪辑）的名称和说明，屏幕阅读器可以朗读它们并给出您的内容的可听识别。

有关使您的内容可访问的更多信息和最佳做法，请访问Adobe的网站，网址为https://helpx.adobe.com/animate/using/creating-accessible-content.html。

3.10 应用滤镜以获得特效

滤镜是可以应用于影片剪辑实例的特效。"属性"面板的"滤镜"区域中提供了多种滤镜，每种滤镜都具有不同的选项，可用于美化效果。

应用"模糊"滤镜

对一些实例应用"模糊"滤镜，以给场景提供更好的深度感。

1. 选取 flare 图层中发光的天体。
2. 在"属性"面板中，展开"滤镜"区域。
3. 单击"滤镜"区域底部的"添加滤镜"按钮，并选择"模糊"。

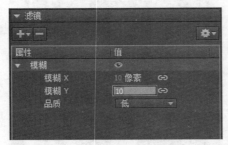

"舞台"上的实例将变模糊，这有助于给该场景提供一种大气的透视效果。

> **An** **注意**：最好把"滤镜"的"品质"设置保持为"低"。较高的设置会使处理器紧张，并且可能损害性能，尤其是当应用了多种滤镜时更是如此。

更多的滤镜选项

在"滤镜"窗口底部是一排选项，可以帮助管理和应用多种滤镜。

"预设"按钮允许保存特定的滤镜及其设置，以便把它应用于另一个实例。

"剪贴板"按钮允许复制并粘贴任何所选的滤镜。"启用或禁用滤镜"按钮允许查看已应用或未应用滤镜的实例。"重置滤镜"按钮将把滤镜参数重置为它们的默认值。

3.11 在 3D 空间中定位

有时需要具有在真实的三维空间中定位对象并制作动画的能力，不过，这些对象必须是影片剪辑元件，以便把它们移入 3D 空间中。有两个工具允许在 3D 空间中定位对象："3D 旋转"工具和"3D 平移"工具。"变形"面板也提供了用于定位和旋转的信息。

理解 3D 坐标空间是在 3D 空间中成功地放置对象所必不可少的。

Animate 使用 3 根轴来（x 轴、y 轴和 z 轴）划分空间。

x 轴水平穿越"舞台"，并且左边缘的 x=0；y 轴垂直穿越"舞台"，并且上边缘的 y=0；z 轴则进出"舞台"平面（朝向或离开观众），并且"舞台"平面上的 z=0。

3.11.1 更改对象的 3D 旋转

您将向图像中添加一些文本，但是为了增加一点趣味性，可使之倾斜，以便符合透视法则来放置它。

考虑电影《星球大战》开头的文字介绍，看看是否可以实现相似的效果。

1. 在图层组顶部插入一个新图层，并把它重命名为"text"。

2. 从"工具"面板中选择"文本"工具。

3. 在"属性"面板中，选择"静态文本"，并选择一种大号且带有特别色彩的字体，以增加活力。所选字体可能看起来稍微不同于本课中显示的字体，这取决于计算机上可用的字体。

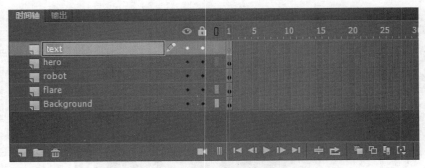

4. 在 text 图层中，在"舞台"上单击，开始输入标题。

5. 要退出"文本"工具，可选取"选择"工具。

6. 保持文本选中状态，选择"修改">"转换为元件"（F8 键）。

7. 在"转换为元件"对话框中，输入名称为"title"并选择类型为"影片剪辑"。单击"确定"按钮。

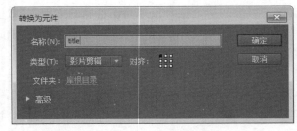

这个文本实例将被转换为影片剪辑元件，并且在"舞台"上保留一个实例。

8. 选择"3D 旋转"工具（ ）。

实例上出现了一个圆形的彩色靶子，这是用于 3D 旋转的辅助线。把这些辅助线视作地球仪上的线条，红色经线围绕 x 轴旋转实例，沿着赤道的绿线围绕 y 轴旋转实例，圆形蓝色辅助线则围绕 z 轴旋转实例。

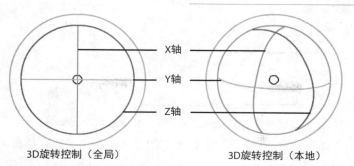

3D旋转控制（全局）   3D旋转控制（本地）

9. 拖动任意一条辅助线以在 3D 空间中旋转实例。一个标签将被添加到您的鼠标指针，以显示您正在操纵的轴。

- 在红色辅助线上向左或向右拖动，围绕 x 轴旋转。
- 在绿色辅助线上向上或向下拖动，围绕 y 轴旋转。
- 围绕蓝色辅助线上的圆拖动，围绕 z 轴旋转。

也可以单击并拖动外部的橙色圆形辅助线，并在 3 个方向上任意旋转实例。

3.11.2 更改对象的 3D 位置

除了更改对象在 3D 空间中的旋转方式之外，还可以把它移到 3D 空间中的特定点处。可以使用"3D 平移"工具，它隐藏在"3D 旋转"工具之下。

1. 选择"3D 平移"工具（ ）。

2. 单击文本。

实例上将出现辅助线，这是用于 3D 平移的辅助线。红色辅助线表示 x 轴，绿色辅助线表示

y 轴，蓝色辅助线表示 z 轴。

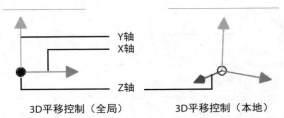

3D平移控制（全局）　　　　　　　3D平移控制（本地）

3. 拖动任意一个辅助线以在 3D 空间中移动实例。请注意，当您在舞台上移动文字时，文字会保持透视。

- 在红色辅助上向左或向右拖动，沿 x 轴移动。
- 在绿色辅助上向上或向下拖动以沿 y 轴移动。
- 在蓝色辅助上向上或向下拖动以沿 z 轴移动。向上拖动将远离您，更深入到场景中，而向下拖动则向您移动。

全局变形与局部变形

　　在选择"3D旋转"或"3D平移"工具时，要了解"工具"面板底部的"全局变形"选项（　）（它显示为一个三维立方体）。在单击"全局变形"选项时，旋转和定位将相对于全局（或"舞台"）坐标系统进行。不论对象如何旋转或移动，3D视图在固定的位置都显示3根轴，注意。

　　所选的实例将返回到其原始设置。

3.12　了解消失点和透视角度

在 2D 平面（比如计算机屏幕）上表示的 3D 空间中的对象是利用透视图呈现的，以使它们看上去像现实中一样。正确的透视图取决于许多因素，包括消失点（vanishing point）和透视角度（perspective angle），在 Animate 中可以更改它们。

消失点确定透视图的水平平行线汇聚于何处，可以想象铁路轨道以及当平行铁轨越来越遥远时它们如何汇聚于一点。消失点通常位于视野中心与眼睛水平的位置，因此默认的设置正好在"舞台"的中心。不过，可以通过更改消失点设置，使之出现在眼光水平位置的上、下、左、右。

透视角度确定平行线能够多快地汇聚于消失点，角度越大，汇聚得越快，因此插图会看起来更费力、更扭曲。

1. 在"舞台"上选取已经在 3D 空间中移动或旋转了的对象。
2. 在"属性"面板中，展开"3D 定位和视图"区域。

透视角度

消失点

3. 要将"消失点"重置为默认值（"舞台"的中心），可单击"重置"按钮。
4. 单击并拖动"透视角度"值，更改扭曲程度。角度越大，扭曲越明显。

创建Adobe Creative Cloud库以共享资源

创意Adobe Creative Cloud库（CC库）可让您随时随地使用自己喜爱的资源。您可以使用CC库来创建和共享图形，包括颜色、画笔、符号，甚至整个文档。您可以在其他Creative Cloud应用程序中随时共享和访问这些资源。您还可以与拥有Creative Cloud帐户与任何人共享库，因此可以轻松协作，让设计保持一致，甚至创建样式指南以便在项目中共享使用。共享库资源始终是最新的，可以立即使用。CC库的工作方式非常类似于本课程中使用的Animate库面板。

要创建新的CC库以共享资源，请按照下列步骤操作。

1. 选择"窗口" > "CC库"以打开"CC库"面板，或单击"CC库"面板图标。您自己的面板可能与此不同，具体取决于CC库的内容。

2. 单击库面板菜单，然后选择创建新库。

将打开"创建新库"对话框。

3. 输入库的新名称，然后单击"创建"。

您的新CC库已创建。单击库底部的加号按钮可添加要共享的资源。

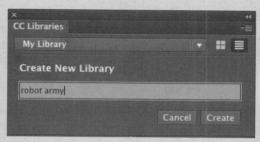

要共享CC库，请执行以下操作：

- 打开"库选项"菜单，然后选择"协作"或"共享链接"。

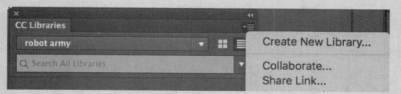

如果选择协作，浏览器将打开，您可以邀请其他人查看或编辑您的CC库。如果选择共享链接，则会创建一个公共链接，供其他人从CC库下载资源。

复习题

1. 什么是元件，它与实例之间有什么区别？

2. 指出可用于创建元件的 3 种方式。

3. 在导入 Illustrator 文件时，如果选择将图层导入为图层，则会发生什么？如果选择将图层导入为关键帧，则又会发生什么？

4. 在 Animate 中怎样更改实例的透明度？

5. 编辑元件的两种方式是什么？

复习题答案

1. 元件可以是图形、按钮或影片剪辑，在 Animate 中只需创建它们一次，然后就可以在整个文档或其他文档中重用它们。所有元件都存储在"库"面板中。实例是位于"舞台"上的元件的副本。

2. 第一种方式是选择"插入" > "新建元件"；第二种方式是选取"舞台"上现有的对象，然后选择"修改" > "转换为元件"；第三种方式是从 Illustrator 或者 Photoshop 中导入图像，并在导入过程中创建元件。

3. 当把 Illustrator 文件中的图层导入为 Animate 中的图层时，Animate 将识别 Illustrator 文档中的图层，并在"时间轴"中把它们添加为单独的图层。当把图层导入为关键帧时，Animate 将把每个 Illustrator 图层都添加到"时间轴"当中的单独的帧中，并为它们创建关键帧。

4. 实例的透明度是由 Alpha 值确定的。要更改透明度，可以在"属性"面板中从"色彩效果"菜单中选择 Alpha，然后更改 Alpha 的百分数。

5. 编辑元件的两种方式是：双击"库"中的元件进入元件编辑模式；或双击"舞台"上的实例就地进行编辑。就地编辑元件允许查看实例周围的其他对象。

第4课 制作元件动画

4.1 课程概述

在这一课中，您将学习如何执行以下任务：

- 制作对象关于位置、缩放和旋转效果的动画
- 调整动画的播放速度（pacing）和播放时间（timing）
- 制作包含透明度和特殊效果的动画
- 更改运动的路径
- 在元件内创建动画
- 拆分补间动画
- 更改动画的缓动效果
- 在 3D 空间中制作动画
- 使用摄像头工具（Camera tool）制作动画

 学习该课程需要大约两个小时。

随着时间的推移，您可以使用
Animate CC更改对象的几乎所有方面，
包括位置、颜色、透明度、大小和旋转
等。补间动画是利用元件实例创建动画
的基本技术。

4.2 开始

查看完成的影片文件，了解将在本课程中创建的动画式标题页面。

1. 双击 Lesson04/04End 文件夹中的 04End.html 文件，播放动画。

这个项目是一个醒目的即将发布的虚拟电影的动画式页面。在本课程中，将使用补间动画（motion tween）制作页面上的多个组成部分，包括城市夜景、演员、几辆老爷车和主标题。

2. 关闭 04End.html 文件。

3. 双击 Lesson04/04Start 文件夹中的 04Start.fla 文件，在 Animate 中打开初始项目文件。该文件是一个完成了一部分的 ActionScript3.0 文件，并且已经包含导入到"库"中提供使用的许多图形元素。

4. 选择"视图">"缩放比率">"符合窗口大小"，或从"舞台"上方的视图选项中选择"符合窗口大小"，使得可以在自己的计算机屏幕上查看整个"舞台"。

5. 选择"文件">"另存为"。把文件命名为"04_workingcopy.fla"，并把它保存在 04Start 文件夹中。

保存工作副本可以确保要重新开始时，可以使用原始的起始文件。

4.3 关于动画

动画是对象随着时间的推移而发生的运动或变化。动画既可以像从一个帧到下一个帧移动盒子经过"舞台"那样简单，也可以复杂得多。在本课程中将看到，可以把单个对象的许多不同方面制作成动画，可以更改对象在"舞台"上的位置，改变它们的颜色和透明度，更改它们的大小和旋转方式，甚至对特殊滤镜制作动画。还可以控制对象的运动路径，甚至控制它们的缓动，即对象加速或减速的方式。动画制作的基本流程如下：要在 Animate 中制作动画，先选取"舞台"上的对象，用鼠标右键单击或按住 Ctrl 键单击，然后从弹出菜单中选择"创建补间动画"。接着把红色播放头移到"时间轴"中的不同点处，并把对象移到一个新位置，Animate 会负责做余下的工作。

补间动画（motion tween）将为舞台的位置变化以及大小、颜色或其他属性的改变创建动画。补间动画要求使用元件实例。如果所选的对象不是一个元件实例，Animate 将自动要求把所选内容转换为元件。

Animate 还会自动把补间动画分隔在图层上，这些图层称为"补间"图层。每个"补间"图层中只能有一个补间动画，而不能有任何其他的元素。"补间"图层允许随着时间的推移在不同的关键点处更改实例的多种属性。例如，航天飞机可以在开始关键帧中位于"舞台"左边，而结束关键帧中位于"舞台"最右边，由此得到的补间将使航天飞机飞越"舞台"。

术语"补间"来自于经典动画领域。高级动画师负责绘制人物的开始和结束姿势，开始和结束姿势是动画的关键帧。然后由初级动画师绘制中间的帧，或做一些中间工作。因此，"补间"是指关键帧之间的平滑过渡。

4.4 了解项目文件

04Start.fla 文件包含了几个已经完成或部分完成的动画式元素。6 个图层（man、woman、Middle_car、Right_car、footer 和 ground）中的每一个都包含一个动画。man 和 woman 图层位于名为 actors 的文件夹中，Middle_car 和 Right_car 图层则位于名为 cars 的文件夹中。

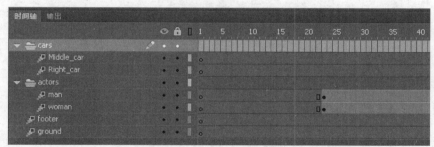

您将添加更多的图层来丰富城市夜景，并美化其中一位演员的动画，以及添加第 3 辆汽车和一个 3D 标题。所有必需的图形元素都已经导入到"库"面板中。"舞台"被设置为 1280 像素×787 像素，"舞台"颜色被设置为黑色。若需要选择不同的视图选项来查看整个"舞台"，可选择"视图">"缩放比率">"符合窗口大小"或从"舞台"右上角的视图选项中选择"符合窗口大小"，以适合屏幕的缩放比例来更方便地查看"舞台"。

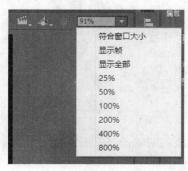

4.5 设置动画的位置

您将通过制作城市夜景的动画来开始这个项目。它将始于比"舞台"上边缘稍低一点的位置，然后缓慢上升，直至其顶部与"舞台"顶部对齐。

1. 锁定所有现有的图层，使得不会意外地修改它们。在 footer 图层上创建一个新图层，并把它重命名为"city"。

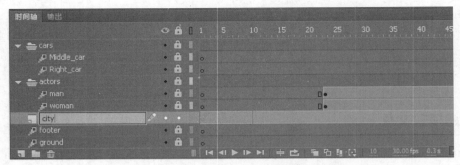

2. 从"库"面板中的 bitmaps 文件夹中把名为"cityBG.jpg"的位图图像拖到"舞台"上。

3. 在"属性"面板中，将 x 的值设置为 0，将 y 的值设置为 90。

该操作将把城市夜景图像定位于比"舞台"的上边缘稍低的位置。

4. 用鼠标右键单击或按住 Ctrl 键并单击城市夜景的图像，并选择"创建补间动画"。

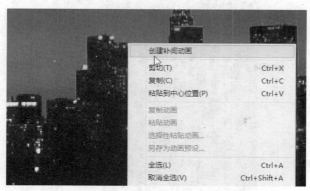

5. 将出现一个对话框，警告所选的对象不是一个元件，补间动画需要元件。Animate 将询问是否想把所选的内容转换为元件，以便它可以继续处理补间动画。单击"确定"按钮。

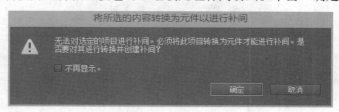

Animate 会自动把所选的内容转换为元件，并将其保存在"库"面板中。Animate 还会把当前图层转换为"补间"图层，以便开始对实例制作动画。通过图层名称前面的特殊图标可以区分"补间"图层，并且其中的帧被设置成蓝色。"补间"图层被保留用于补间动画，因此不允许在"补间"图层上绘制对象。

6. 把红色播放头移到补间范围的末尾，即第 190 帧。

7. 在"舞台"上选取城市夜景的实例，并在按住 Shift 键的同时在"舞台"上把该实例向上移动。按住 Shift 键用于限制沿直角移动。

8. 为了更精确，可以在"属性"面板中把 y 的值设置为 0。

在补间范围末尾的第 190 帧中出现一个小黑色三角形，这表示关键帧位于补间的末尾。

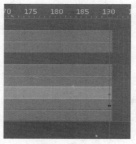

Animate 将平滑地在第 1 帧 ~ 第 190 帧的位置中插入变化，并用运动路径表示此动画。

 提示：隐藏所有其他的图层，以更方便地查看城市夜景上的补间动画的结果。

9. 在"时间轴"顶部来回拖动播放头，查看平滑的动画。您也可以选择"控制">"播放"（Enter 键），使 Animate 播放动画。

制作位置中的变化的动画很简单，因为当把实例移到新位置时，Animate 会自动在这些位置创建关键帧。如果想让对象移动到不同的位置，只需把红色播放头移到想要移到的帧上，然后把对象移至其新位置，Animate 会负责做其余的工作。

 提示：要删除补间动画，可以在"时间轴"或"舞台"上用鼠标右键单击或按住 Ctrl 键并单击补间动画，然后选择"删除补间"。

预览动画

集成在"时间轴"底部的"播放控制"条可以用来播放、回放或在"时间轴"上向前或向后一步一步地查看动画。您也可以选择"控制"菜单中的播放命令来操作。

1. 单击"时间轴"下方的播放控制条中的按钮，可以转到第一帧、转到最后一帧、播放、暂停、向前或向后移动一帧。

2. 选择"时间轴"底部的循环选项（在控制条的右边），并单击播放按钮。
播放头将循环播放，可以一遍又一遍地观看动画来仔细检查。

3. 移动"时间轴"上的前括号或后括号来定义想要循环播放的帧的范围。

播放头将在括号之间的帧内循环。再次单击循环选项以关闭循环。

4.6 改变播放速度和播放时间

可以通过在"时间轴"上单击并拖动关键帧，更改整个补间范围的持续时间，或更改动画的播放时间。

4.6.1 更改动画持续时间

如果想让动画以较慢的速度播放，以占据一段较长的时间，就需要延长开始关键帧与结束关键帧之间的整个补间范围。如果想缩短动画，就需要减小补间范围，可以通过在"时间轴"上拖动补间范围的末尾来延长或缩短补间动画。

1. 把光标移到补间末位附近。

当光标将变为双箭头时，表示可以延长或缩短补间范围。

2. 单击补间范围的末尾，并朝着第 60 帧向后拖动。

补间动画将缩短至 60 帧，因此现在城市夜景的移动时间要短得多。

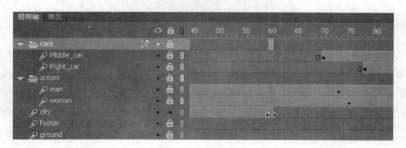

3. 把光标移到补间范围开始处（在第 1 帧）附近。

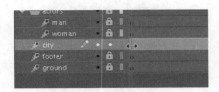

4. 单击补间范围的开始处，并向前拖动到第 10 帧。

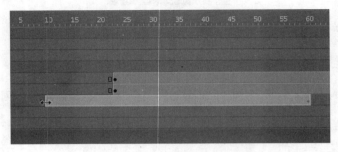

补间动画将开始于一个更早的时间，因此它现在只会从第 10 帧播放到第 60 帧。

> **An** **注意**：如果补间中具有多个关键帧，拖长补间范围将均匀地分布所有关键帧。整个动画的播放时间将保持相同，只有长度会发生变化。

4.6.2　添加帧

若希望补间动画的最后一个关键帧保持到动画的整个持续时间，需要添加一些帧，使得动画持续的时间变长。可以通过按住 Shift 键并拖动补间范围的末尾来添加帧。

1. 把光标移到补间范围的末尾附近。

2. 按住 Shift 键，单击补间范围的末尾并向前拖动到第 190 帧。

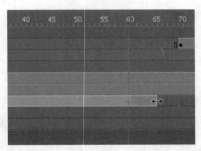

补间动画中的最后一个关键帧将保持在第 60 帧，但是将把额外的帧添加到第 190 帧。

> **An** **注意**：可以选择"插入"＞"时间轴"＞"帧"（F5 键），添加单独的帧；也可以选择"编辑"＞"时间轴"＞"删除帧"（Shift+F5 组合键），删除单独的帧。

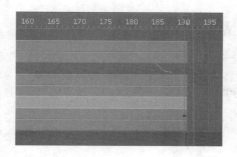

移动关键帧

如果希望改变动画的播放速度，可以选择单独的关键帧，单击并拖动这个关键帧到新的位置。

1. 单击第 60 帧的关键帧。

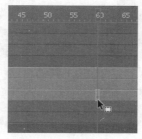

这样就选取了第 60 帧的关键帧。若一个小方框出现在光标附近，则表示可以移动关键帧。

2. 单击并拖动关键帧到第 40 帧。

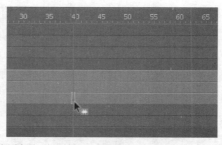

补间动画中的最后一个关键帧将移到第 40 帧，因此城市夜景的动画将更快地进行。

基于整体范围的选择VS基于帧的选择

在默认情况下，Animate不会使用基于整体范围的选择，可以单独选取补间动画中的关键帧。然而，若更喜欢单击补间动画并选中整个补间范围（从起始帧到结束帧之间的所有帧），可以选中"时间轴"右上角的"选项"菜单中的"基于整体范围的选择"。

当选中"基于整体范围的选择"选项时，可以单击补间动画的任何
地方并选中它，然后在"时间轴"上将整个补间动画作为一个整体前移或后移。

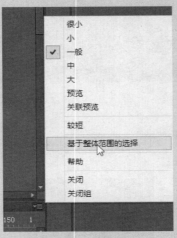

此时如果想选择单个关键帧，可以按住Ctrl键（Windows）或Command键
（Mac）并单击一个关键帧。

4.7　制作透明效果的动画

在前一课中，学习了如何更改元件实例的色彩效果以更改透明度、色调或亮度。您还可以更
改一个关键帧中实例的色彩效果，或更改另一个关键帧色彩效果的值，而 Animate 将自动显示平
滑的变化，就像它处理位置中的变化一样。

更改开始关键帧中的城市夜景，使之完全透明，但是会保持末尾关键帧中的城市夜景不透明。
Animate 将创建平滑的淡入效果。

1. 把红色播放头移到补间动画的第一个关键帧（第 10 帧）。

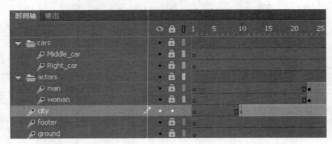

2. 选取"舞台"上的城市夜景实例。
3. 在"属性"面板中，为"色彩效果"选择 Alpha 选项。

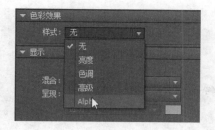

把 Alpha 值设置为 0%。

"舞台"上的城市夜景实例将变成完全透明。

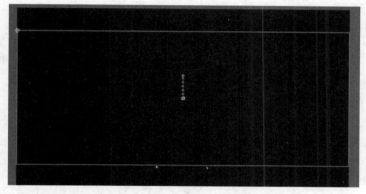

4. 把红色播放头移到补间动画的最后一个关键帧（第 40 帧）。

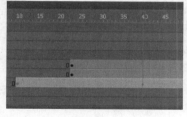

5. 选取"舞台"上的城市夜景实例。

6. 在"属性"面板中，将 Alpha 值设置为 100%。

"舞台"上的城市夜景实例将变成完全不透明。

7. 选择"控制">"播放"（Enter 键），预览效果。

Animate 将会在两个关键帧之间的位置和透明度中插入变化。

4.8 制作滤镜动画

滤镜可以给实例创造特效，比如模糊和投影效果，也可以用来制作动画。接下来将通过对其中一位演员应用模糊滤镜，使得看起来好像是摄影机改变了焦点，来美化演员的补间动画。制作滤镜的动画与制作位置中的变化或色彩效果中的变化的动画相同，只需在一个关键帧中为滤镜设置值，并在另一个关键帧中为滤镜设置不同的值，Animate 会自动创建平滑的过渡。

1. 使"时间轴"上的 actors 图层文件夹可见。

2. 锁定"时间轴"上除 woman 图层之外的所有其他图层。

3. 在 woman 图层中把红色播放头移到补间动画的开始关键帧第 23 帧。

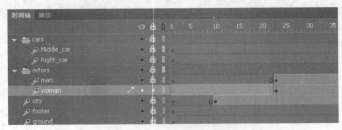

4. 在"舞台"上选取女演员的实例，但却不能看到她，因为她的 Alpha 值为 0%（完全透明），可以单击"舞台"的右上方来选取透明的实例。

5. 在“属性”面板中，展开“滤镜”区域。

6. 单击“滤镜”区域底部的“添加滤镜”按钮，并选择“模糊”。

这将对实例应用“模糊”滤镜。

7. 在“属性”面板的“滤镜”区域中，单击链接图标，使 x 方向和 y 方向的模糊值相等。把“模糊 X”和“模糊 Y”的值都设置为 20 像素。

8. 把红色播放头移过整个“时间轴”以预览动画。

在整个补间动画中对女演员实例应用 20 像素的“模糊”滤镜。

9. 在第 140 帧用鼠标右键单击或按住 Ctrl 键并单击 woman 图层，选择“插入关键帧”>“滤镜”。

在第 140 帧建立用于滤镜的关键帧。

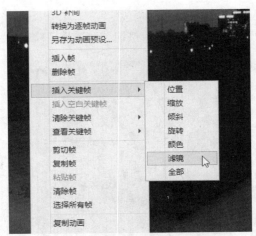

10. 将红色播放头移到第 160 帧，用鼠标右键单击或按住 Ctrl 键并单击 woman 图层，选择
"插入关键帧" > "滤镜"。

在第 160 帧再建立一个用于滤镜的关键帧。

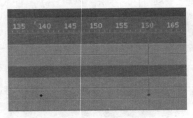

11. 选择第 160 帧的女演员实例。

12. 在 "属性" 面板中，把 "模糊" 滤镜中的 x，y 值更改为 0。

　　"模糊"滤镜从第 140 帧的关键帧变为第 160 帧的关键帧。Animate 将从模糊的实例到清晰的实例之间创建平滑的过渡。

了解属性关键帧

　　属性中的变化是彼此独立的,并且不需要绑定到相同的关键帧上。也就是说,可以一个关键帧用于位置,一个不同的关键帧用于色彩效果,以及另外一个关键帧用于滤镜。管理许多不同类型的关键帧可能令人不知所措,尤其是在补间动画期间不同的属性在不同的时间发生变化时更是如此。幸运的是,Animate提供了几个有用的工具。

　　在查看补间范围时,可以选择只查看某些属性的关键帧。例如,可以选择只查看位置关键帧,以便查看对象何时移动,或可以选择只查看滤镜关键帧,以便查看滤镜何时发生变化。在"时间轴"中用鼠标右键单击或按住Ctrl键并单击补间动画,选择"查看关键帧",然后在列表中选择想要查看的属性。也可以选择"全部"或"无",以查看所有的属性或不查看任何属性。

　　在插入关键帧时,也可以插入特定属性的关键帧。在"时间轴"中用鼠标右键单击或按住Ctrl键并单击补间动画,选择"插入关键帧",然后选择属性。

4.9 制作变形的动画

现在将学习如何制作缩放比例或旋转中的变化的动画。可以利用"任意变形"工具或利用"变形"面板执行这些类型的更改。向项目中添加第 3 辆汽车，这辆汽车开始时比较小，当它朝着观众向前移动时将逐渐变大。

1. 锁定"时间轴"上的所有图层。

2. 在 cars 文件夹内插入一个新图层，并把它重命名为"Left_car"。

3. 选择第 75 帧并插入一个新的关键帧（F6 键）。

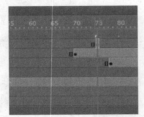

4. 在第 75 帧，从"库"面板中把名为"carLeft"的影片剪辑元件拖到"舞台"上。

5. 选择"任意变形"工具。

在"舞台"上的实例周围将出现变形句柄。

6. 在按住 Shift 键的同时，单击并向里拖动一个角句柄，使汽车变小。

7. 在"属性"面板中，确保汽车的宽度为 400 像素。

8. 此外，也可以使用"变形"面板（选择"窗口">"变形"），并把汽车的缩放比例更改为 29.4%。

9. 把汽车移到其起点，使 x=710，y=488。

10. 在"属性"面板中，为"色彩效果"选择"Alpha"。

11. 把 Alpha 的值设置为 0%。

汽车将变成完全透明。

12. 用鼠标右键单击或按住 Ctrl 键并单击"舞台"上的汽车，然后选择"创建补间动画"。

当前图层将变成一个"补间"图层。

13. 把"时间轴"上的红色播放头移到第 100 帧。

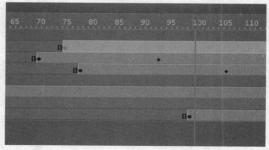

14. 选取汽车的透明实例，然后在"属性"面板中，把 Alpha 值更改为 100%。

在第 100 帧自动插入一个新的关键帧，来表示透明度的变化。

15. 在按住 Shift 键的同时，单击并向外拖动角句柄，使汽车变大。为了更精确，可以使用"属性"面板，并把汽车的尺寸设置为宽度 =1380 像素，高度 =445.05 像素。

 注意：在拖动"变形"工具的角句柄时按住 Alt（Windows）或 Option（Mac）键，可以相对于对面的角进行缩放。

16. 把汽车定位于：$x=607$，$y=545$。

Animate 将会从第 75 帧到第 100 帧对位置的变化、缩放比率的变化和透明度的变化进行补间。

17. 把 Left_car 图层移到 Middle_car 图层与 Right_car 图层之间，使得中间的汽车盖住两边的汽车。

保存 04_workingcopy.fla 文件。下一节中，我们将处理另外一个文件。

动画预设

当项目涉及反复创建完全相同的补间动画时，Animate提供了一个名为"动画预设"的面板以提供帮助。"动画预设"面板（选择"窗口">"动画预设"）存储了特定的补间动画，可将其应用于"舞台"上的不同实例。

例如，想制作放映幻灯片，其中每幅图像都以相同的方式淡出，就可以把这种过渡保存到"动画预设"面板中。

1. 使用节目中的第一个补间动画创建转场。
2. 在时间轴上选择补间动画或"舞台"上的实例。
3. 在"动画预设"面板中单击"将选区另存为预设"按钮。

或者，右键单击补间动画，然后选择"另存为动画预设"预设。

4. 对动画预设进行命名，并且把它保存在"动画预设"面板中。
5. 选取"舞台"上的一个新实例，并选择动画预设。
6. 单击"应用"按钮，把保存的动画预设应用于新实例。

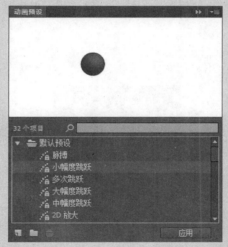

Animate提供了许多动画预设，可以使用它们快速地构建复杂的动画。

4.10 更改运动的路径

刚才制作的左边汽车的补间动画显示了一根带有圆点的彩色线条，它用来表示运动的路径。可以轻松地编辑运动的路径，使汽车沿着一条曲线行驶，还可以移动、缩放甚至旋转路径，就像"舞台"上的其他对象一样。

为了更好地演示如何编辑运动的路径，可以打开示例文件04MotionPath.fla。该文件包含单个"补间"图层，其中有一架火箭飞行器，从"舞台"左上方飞行到右下方。

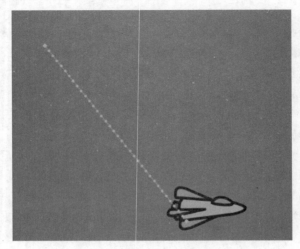

4.10.1　移动运动的路径

可移动运动的路径，使火箭飞行器的相对运动保持相同，但是其起始和终止位置将会改变。

1. 选取"选择"工具。

2. 单击运动的路径以选取。

当选取运动的路径时，将突出显示它。

3. 单击并拖动运动路径，把它移到"舞台"上的一个不同的位置。

动画的相对运动和播放时间将保持相同，但是将重新定位起始和终止位置。

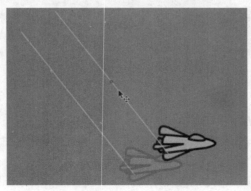

4.10.2 更改路径的缩放比率或旋转

也可以利用"任意变形"工具操纵运动的路径。

1. 选取运动的路径。

2. 选择"任意变形"工具。

在运动的路径周围将出现变形句柄。

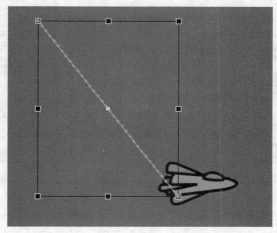

3. 根据需要缩放或旋转运动的路径，可以使路径变小、变大或旋转，使得火箭飞行器从"舞台"的左下方开始飞行，并终止于右上方。

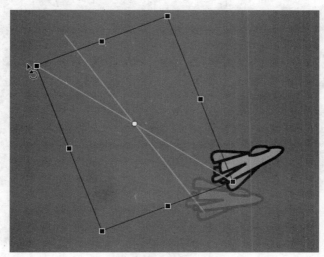

4.10.3 编辑运动的路径

使对象行进在弯曲的路径上是一件简单的事情。可以使用锚点句柄利用贝塞尔曲线精度编辑路径，或利用"选择"工具以更直观的方式编辑路径。

1. 选择"转换锚点"工具，它隐藏在"钢笔"工具之下。

2. 在"舞台"上单击运动路径的起点和终点，并从锚点拖出控制句柄。

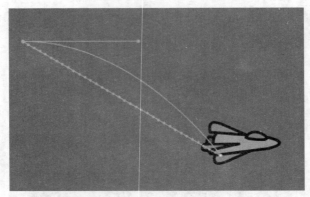

锚点上的句柄将控制路径的曲度。

3. 选择"部分选取"工具。

4. 单击并拖动句柄，编辑路径的曲线，使火箭飞行器行进在较宽的曲线中。

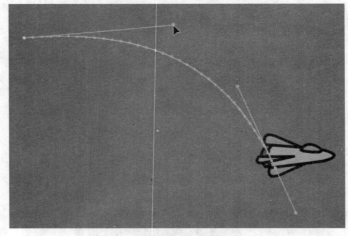

An | **注意**：可以利用"选择"工具直接操纵运动的路径。选取"选择"工具，把它移到运动的路径附近，在光标旁边将出现一个弯曲的图标，表示可以编辑路径。此时可单击并拖动运动的路径，以更改其曲度。

4.10.4 使对象调整到路径

有时，对沿着路径行进的对象进行定向很重要。在动画片的醒目页面项目中，汽车的定向与其向前行驶一样。不过，在火箭飞行器示例中，火箭飞行器应该沿着其头部所指方向的路径行进，"属性"面板中的"调整到路径"选项提供了这个选项。

1. 选择"时间轴"上的补间动画。
2. 在"属性"面板中，选择"调整到路径"选项。

Animate 将为沿着补间动画所进行的旋转插入关键帧，使得火箭飞行器的头部调整到运动的路径。

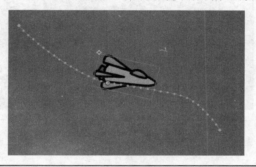

> **An** **注意**：要使运动的路径对准火箭飞行器的头部（或其他任何对象）方向，必须调整其初始位置的方向。使用"任意变形"工具旋转其初始位置，使其面向正确的方向。

4.10.5 交换补间目标

Animate CC 中的补间动画模型是基于对象的，这意味着可以轻松地换出补间动画的对象。例如，想看到外星人在"舞台"上走来走去，而不是在"舞台"上看到火箭飞行器，就可以用"库"面板中的外星人元件替换补间动画的对象，并且仍会保留动画。

1. 从"库"中把外星人的影片剪辑元件拖放到火箭飞行器上。

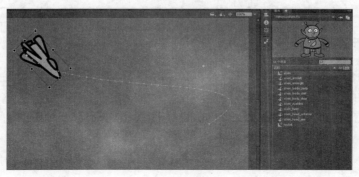

Animate 将询问是否想用新对象替换现有的对象。

2. 单击"确定"按钮。

用外星人替换火箭飞行器。运动将保持相同，但是已经交换了补间动画的对象。

注意：也可以在"属性"面板中交换实例。在"舞台"上选取想交换的对象。

在"属性"面板中，单击"交换"按钮。在出现的对话框中，选择新元件并单击"确定"按钮，就可在 Animate 中交换补间动画的对象。

注意：如果元件交换后元件实例从视图中消失，请选择"视图" > "放大" > "全部显示"（Ctrl+3/Cmd+3）更改缩放级别以显示舞台上的所有对象。

4.11 创建嵌套的动画

通常，在"舞台"上活动的对象都将具有自己的动画。例如，飞过"舞台"的蝴蝶在飞行时将有拍打翅膀的动画，用于交换火箭飞行器的外星人可能会挥动他的手臂。这些类型的动画就是嵌套的动画，因为它们包含在影片剪辑元件内。影片剪辑元件具有独立于主"时间轴"的自身的"时间轴"。

在这个示例中，将使外星人在影片剪辑元件内挥动他的手臂，以使他在"舞台"上移动时挥手。

在影片剪辑元件内创建动画

现在我们将制作一些动画来让外星人可以挥手。

1. 在"库"面板中，双击 alien（外星人）影片剪辑元件图标。

现在处于外星人影片剪辑元件的元件编辑模式中。外星人位于"舞台"的中间。在"时间轴"中，外星人的各个部分分隔在不同的图层中。

2. 选取"选择"工具。

3. 用鼠标右键单击或按住 Ctrl 键并单击外星人的右臂，然后选择"创建补间动画"。

Animate 将把当前图层转换为"补间"图层，并插入长度 1 秒的帧，现在开始制作实例动画。

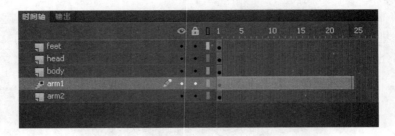

4. 选择"任意变形"工具。

5. 拖动角旋转控制点，把手臂向上旋转到外星人的肩膀高度。

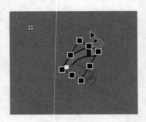

在补间动画的末尾将插入一个关键帧，此时，右臂从静止位置平滑地旋转到伸展的位置。

6. 把红色播放头移回第 1 帧处。

7. 现在为外星人的另一只手臂创建补间动画。用鼠标右键单击或按住 Ctrl 键并单击外星人的手臂，然后选择"创建补间动画"。

Animate 将把当前图层转换为"补间"图层，并插入 1 秒长度的帧，现在开始制作实例的动画。

8. 选择"任意变形"工具。

9. 拖动角旋转控制点，把这只手臂向上旋转到外星人的肩膀高度。

在补间动画的末尾将插入一个关键帧。此时，左臂从静止位置平滑地旋转到伸展的位置。

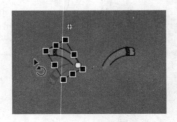

10. 选择所有其他图层中的最后一个帧，并插入帧（F5 键），使得外星人的头、躯干和脚都会在"舞台"上保留与移动的手臂相同的时间。

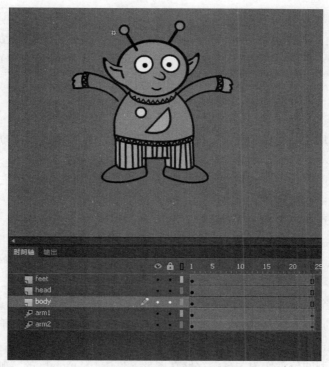

11. 单击"舞台"左上角的"场景 1"按钮，退出元件编辑模式。

外星人举起其手臂的动画现在就完成了。无论何时使用影片剪辑元件，外星人都会继续播放其嵌套的动画。

12. 选择"控制" > "测试影片"，预览动画。

Animate 将会打开一个窗口，显示导出的动画。外星人沿着运动路径移动，同时将播放并且循环播放其手臂移动的嵌套动画。

4.12 图形元件

您已经为动画使用了影片剪辑元件，您已经看到了它们如何允许独立的嵌套动画。但是您也可以在图形元件内嵌入动画和图形，虽然它们有点不同。

图形元件中的动画不像在影片剪辑元件中那样独立地播放。它只会在主时间轴上放置实例时有足够的帧时才会播放。您可以使用 ActionScript 来控制影片剪辑时间轴的内部播放头，同时您可以直接在"属性"面板中控制图形元件的播放头。由于您可以轻松地对图形元件中显示的哪一帧进行选择，图形元件是唇形同步或其他字符变体的理想选择。

使用帧选择器

如果动画人物讲话，它们的嘴型会与它们说的话同步。每个声音或音素由不同的嘴形产生。例如，"p"或"b"的声音通过闭合嘴唇产生，而"o"的声音通过嘴巴张开成圆形来产生。动画师绘制这些嘴部位置的集合以用于与音轨同步。

您可以将每个嘴型的位置作为关键帧存储在图形元件中。Animate 的"帧选择器"面板允许您选择图形元件时间轴中的特定帧来匹配每个声音。

在这个任务中，您将使用帧选择器来制作外星人嘴部活动的动画。

1. 打开 Lesson04/04Start 文件夹中的示例文件 04FramePicker_start.fla。该文件的舞台上有您所熟悉的外星人形象。

外星人的头是一个图形元件，其时间轴内包含多个关键帧。

2. 双击库中的 alien_head 图形元件。

Animate 将进入 alien_head 图形元件的元件编辑模式。注意，mouth 图层中的时间轴包含 5 个关键帧。

3. 通过将播放头从第 1 帧推进到第 5 帧来检查 mouth 图层中的每个关键帧。

每个关键帧显示的是不同形状的嘴巴。第 1 帧为小的闭合的嘴型，第 2 帧是圆形的嘴型，第 3 帧是张大的嘴型，等等。

4. 返回场景 1，然后选择"控制">"测试"。

Animate 创建一个 SWF 来播放动画。没有发生任何事情，因为主时间轴上只有一个帧，而图形元件需要主时间轴上的帧来播放其自己的时间轴。

5. 关闭测试电影面板，并返回到 Animate 文档。

6. 在 head and body 图层中选择第 45 帧，然后选择"插入">"时间轴">"帧"（F5）。

两个图层均增加了帧，直到第 45 帧。

7. 选择"控制">"播放"（输入/返回）。

Animate 将播放动画。外星人现在在不停说话！图形元件在主时间轴的前 45 帧期间重复播放其所有 5 个关键帧。默认情况下，图形元件设置为循环，但是您也可以选择播放单个帧。

8. 在舞台上选择外星人的头部，并在"属性"面板的"循环"部分中，从"选项"菜单中选择"单帧"。将第一个字段的值保留为 1。

现在舞台只显示来自 alien_head 图形元件的一个帧，即第 1 帧。

9. 选择 head 图层的第 10 帧，然后插入新的关键帧（F6）。

10. 在第 10 帧的新关键帧的播放头，在舞台上选择外星人头部。在"属性"面板的"循环"部分中，单击"使用帧选择器"。

帧选择器面板将打开。帧选择器显示图形元件中的所有帧的缩略图。

11. 您将让外星人张口说"hello"。对于单词的第一部分，在帧选择器中选择第 3 帧。

现在，当动画到达第 10 帧时，外星人头部元件将从显示第 1 帧（闭合的嘴）切换到第 3 帧，

即字母"h"。

12. 在主时间轴的第 12 帧中插入新的关键帧。

13. 在帧选择器中，选择第 4 帧。

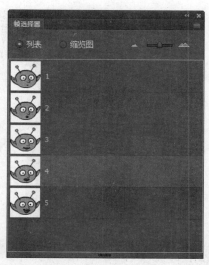

当动画播放到第12帧时，外来头部图形元件将改变为第4帧。它的嘴将稍微打开，来显示"hello"的"eh"部分。

14. 在主时间轴的第 14 帧中插入新的关键帧。

15. 在帧选择器中，选择第 2 帧。

当动画到达第 14 帧时，头部元件将切换到显示第 2 帧。它的嘴型变为圆形，来显示"oh"的读音。

16. 在第 17 帧的新关键帧中，使用帧选择器将嘴巴改回第 1 帧。

17. 最后，在第 30 帧的新关键帧中，使用帧选择器将嘴改为第 5 帧，让外星人给我们一个大大的微笑。

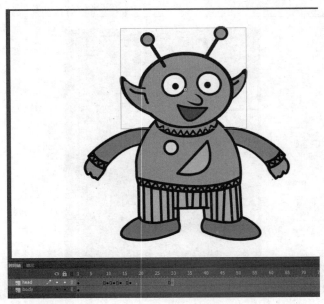

18. 选择"控制" > "播放"。

Animate 将播放动画。外星人的嘴型将同步为"hello"，暂停，然后微笑。

您已完成此文档，因此您可以保存并关闭它。

4.13 缓动

缓动指补间动画进行的方式。从最基本的意义上说，可以把它视作加速或减速。从"舞台"一边移到另一边的对象可以缓慢开始，然后加大冲力，再突然停止，或快速开始，然后逐渐停止。关键帧表示了动画的开始和结束位置，缓动则决定了对象怎样从一个关键帧到达下一个。

可以在"属性"面板中为一个补间动画应用缓动。缓动值变化范围是 -100 ~ 100。负值表示从起点进行更平缓的改变（称为缓入（ease-in）），正值表示在终点进行更平缓的改变（称为缓出（ease-out））。

应用缓动更高级的方法是使用新的动画编辑器，您将在下一课中学习。

4.13.1 拆分补间动画

缓动会影响整个补间动画。如果让缓动只影响补间动画的一部分，则需要拆分补间动画。例如，回到 04_workingcopy.fla 文件的电影动画。Left_car 图层的补间动画从第 75 帧开始，一直到第 190 帧，也就是"时间轴"的最后才结束。但是，汽车的实际运动从第 75 帧开始，到第 100 帧就结束了，需要拆分这个补间动画，这样才可以在第 75 帧 ~ 第 100 帧的补间中应用缓动。

1. 在"Left_car"图层中，选择第 101 帧，也就是汽车停止运动的关键帧的下一帧。

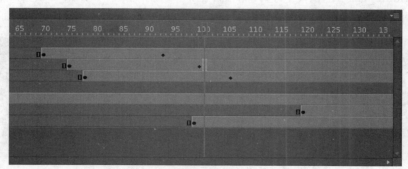

2. 用鼠标右键单击或按住 Ctrl 键单击第 101 帧并选择"拆分动画"。

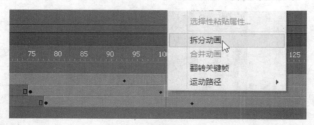

Animate 将把补间动画拆分成两个独立的补间范围。第一个补间的末尾对应了第二个补间的开始。

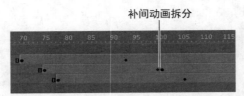

补间动画拆分

3. 在"Middle_car"图层中，选择第 94 帧，用鼠标右键单击或按住 Ctrl 键单击并选择"拆分动画"。

Animate 将把补间动画拆分成两个独立的补间范围。

4. 在"Right_car"图层中，选择第 107 帧，用鼠标右键单击或按住 Ctrl 键单击并选择"拆分动画"。

现在 3 辆车的补间动画全都被拆分了。

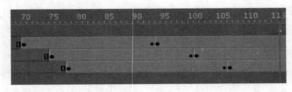

4.13.2 设置补间动画的缓动

对驶入的汽车的补间动画应用缓出来使它们具有如真实汽车的重量感和减速感。

1. 在"Middle_car"图层中，选择第一个补间动画的第一个和第二个关键帧之间（第 70 帧～第 93 帧）的任意一帧。

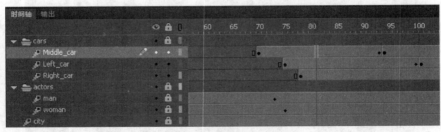

2. 在"属性"面板中，输入缓动值为"100"。

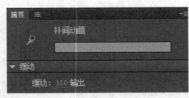

Animate 将对补间动画应用缓出效果。

3. 在"Left_car"图层中，选择第一个补间动画的第一个和第二个关键帧之间（第 75 帧～第 100 帧）的任意一帧。

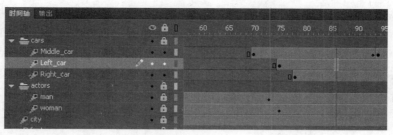

4. 在"属性"面板中，输入缓动值为"100"。

Animate 将对补间动画应用缓出效果。

5. 在"Right_car"图层中，选择第一个补间动画的第一个和第二个关键帧之间（第 78 帧～第 106 帧）的任意一帧。

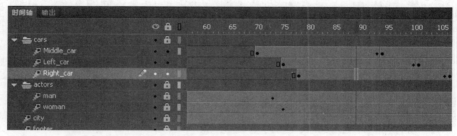

6. 在"属性"面板中，输入缓动值为"100"。

Animate 将对补间动画应用缓出效果。

7. 选中"时间轴"底部的"循环播放"选项，并且将前后标记括号移动到从第 60 帧～第 115 帧处。

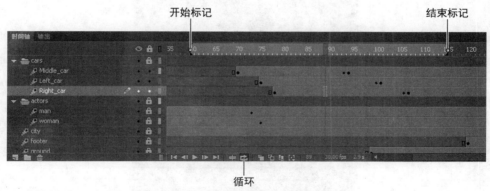

8. 单击播放（Enter 键或 Return 键）来播放影片。

Animate 将在"时间轴"的第 60 帧～第 115 帧之间循环播放，以便观察到 3 辆车的缓出效果。

4.14 逐帧动画

逐帧动画指的是通过逐个关键帧的改变来营造动画效果，这是最接近传统手绘动画的一种方式，而且也一样枯燥和令人厌烦。在 Animate 中，可以通过在每个关键帧中改变图像来创建逐帧动画。

逐帧动画将使动画文件变得很大，因为 Animate 必须为每个关键帧存储各自的内容。请谨慎使用逐帧动画。

下一部分，将在 carLeft 影片剪辑元件中插入逐帧动画，以使它产生抖动的效果。当影片剪辑元件循环播放时，汽车会轻微的颤动来模仿发动机的转动效果。

4.14.1　插入一个新关键帧

在 carMiddle 和 carRight 影片剪辑元件中的逐帧动画已经创建好了。现在需要继续完成 carLeft 元件的动画。

1. 在"库"面板中，双击 carRight 影片剪辑元件来查看已经完成的逐帧动画。

在 carRight 影片剪辑中，3 个关键帧创建了汽车和头灯的 3 个不同的位置。3 个关键帧不均的分布，以此来模仿随机的上下运动。

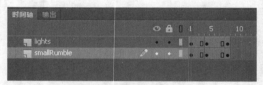

2. 在"库"面板中，双击 carLeft 影片剪辑元件。

进入 carLeft 元件的元件编辑模式。

3. 选择 lights 图层和 small Rumble 图层的第 2 帧。

4. 用鼠标右键单击或按住 Ctrl 键单击并选择"插入关键帧"（F6 键）。

Animate 将在 lights 图层和 small Rumble 图层的第 2 帧插入关键帧。之前关键帧的内容将会被复制到新关键帧中。

4.14.2　改变图形

在新关键帧中，改变内容来创建动画。

1. 在第 2 帧中，选择"舞台"上的 3 个图形（"编辑" > "全选"，或 Ctrl 键或 Command+A 组合键）并将它们向"舞台"下方移动 1 个像素。可以使用"属性"面板或按箭头键来将图形向下微调 1 个像素。

汽车和头灯将稍微向下移动。

2. 接下来，重复插入关键帧和改变图形的步骤。为了模仿汽车的随机震动，至少需要 3 个关键帧。

3. 选择 lights 图层和 small Rumble 图层的第 4 帧。

4. 用鼠标右键单或按 Ctrl 键单击并选择"插入关键帧"。

Animate 将会为 lights 图层和 small Rumble 图层在第 4 帧插入关键帧。之前关键帧的内容将会被复制到新关键帧中。

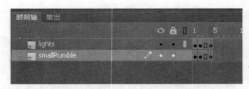

5. 选择"舞台"上的 3 个图形（"编辑"＞"全选"，也可按 Ctrl 键或 Command+A 组合键）并将它们向"舞台"上方移动 2 个像素。可以使用"属性"面板或按箭头键来将图形向上微调 2 个像素。

汽车和头灯将稍微向上移动。

6. 选中"时间轴"下方的"循环播放"选项并单击"播放"按钮（Enter 键或 Return 键）来测试动画。

4.14.3　制作 3D 运动的动画

最后，将添加一个标题，并在三维空间中制作动画。3D 中的动画制作引入了第 3 根（Z）轴，增加了额外复杂性。在选择"3D 旋转"或"3D 平移"工具时，需要知道"工具"面板底部的"全局转换"选项。"全局转换"选项将在全局选项（按钮按下）与局部选项（按钮升起）之间切换。

在启用全局选项的情况下移动一个对象将使转换相对于全局坐标系统进行，而在启用局部选项的情况下移动一个对象将使转换相对于它自身进行。

1. 单击"场景 1"返回到主"时间轴"，然后在图层组顶部插入一个新图层，并把它重命名为"title"。

2. 锁定所有其他的图层。

3. 在第 120 帧处插入一个新的关键帧。

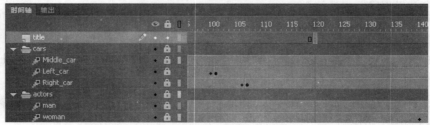

4. 从"库"中把名为"movie title"的影片剪辑元件拖到"舞台"上。

该影片标题实例将出现在新图层中，位于第 120 帧处的关键帧中。

5. 把标题定位于：x=180，y=90。

6. 用鼠标右键单击或按住 Ctrl 键并单击影片标题，然后选择"创建补间动画"。
Animate 将把当前图层转换为"补间"图层，以便制作实例的动画。

7. 把红色播放头移到第 140 帧。

8. 选择"3D 旋转"工具。

9. 在"工具"面板底部取消选择"全局转换"选项。

10. 单击并拖动标题，绕着 y 轴（绿色的轴）旋转，使得其角度为 -50°。可以在"变形"面板
（选择"窗口"＞"变形"）中检查旋转值。

11. 把红色播放头移到第 120 帧的第一个关键帧上。

12. 单击并拖动标题，绕着 y 轴以相反的方向旋转，使得实例看上去就像是一根长条。

Animate 将会创建 3D 旋转中的变化的补间动画，使得标题看起来像是在三维空间中摇摆。

4.15 制作摄像头移动动画

到目前为止，您已经学会了如何对舞台上的元件实例的不同属性——位置、比例、旋转、透明度、过滤器和 3D 位置制作动画。

然而，作为一个动画师，您不只是像戏剧那样只是指挥您的角色和对象在舞台上的运动。您还可以控制摄像头，让您更像是一部电影的导演。这意味着可以控制摄像头的摆位，放大或缩小，平移，甚至旋转摄像头的特殊效果。所有这些摄像头移动都可以通过 Animate 的"摄像头"工具来实现。

4.15.1 启用摄像头

在工具面板中使用摄像头工具或使用时间轴下方的添加/删除摄像头按钮启用摄像头。您将用摄像头来模拟缩小和平移效果，来展现您之前制作的电影开头中的不同部位。

1. 选择文件/打开，打开 Lesson04/04Start 文件夹中的 04CameraStart.fla。此文件是部分完成的 ActionScript3.0 文档，其中包含舞台上已有的图形元素。时间轴包含添加的帧和 title 图层中的补间动画。

2. 在"工具"面板上选择"摄像头"工具，或单击时间轴底部的"添加摄像头"。

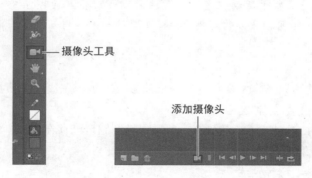

一个摄像头图层将被添加到时间轴顶部并变为活动状态。舞台上将出现摄像头控制。

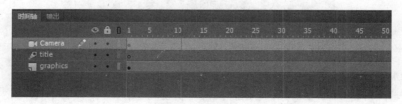

4.15.2 摄像头的特性

摄像头图层的操作方式与普通图层稍有不同,在该图层中,您将习惯于添加图形。

- 舞台的大小变成摄像头视角的框架。
- 您只能有一个摄像头图层,它始终位于所有其他图层的顶部。
- 您无法重命名摄像头图层。
- 您无法在"摄像头"图层中添加对象或绘制,但您可以向图层添加经典或补间动画,这样可以为摄像头运动和摄像头滤镜设置动画。
- 当"摄像头"图层处于活动状态时,无法移动或编辑其他图层中的对象。通过选取"选择"工具或单击时间轴底部的"删除摄像头"按钮来禁用"摄像头"图层。

4.15.3 缩放摄像头

首先,您将使用摄像头来放大舞台中的一小部分,聚焦于左边的女演员。摄像头最初会隐藏她脸的一部分,以产生一点点神秘。

1. 确保您的摄像头图层处于活动状态,并且现场控制台已存在。控制台上有两种模式:一种用于旋转;另一种用于缩放。缩放模式应突出显示。

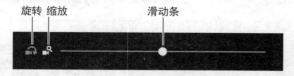

旋转 缩放　　　　滑动条

> **注意**:单击时间轴底部的"删除摄像头"按钮并不会真正删除您的摄像头图层;它只是从视图隐藏它。您可以再次单击按钮来恢复摄像头图层。要完全删除摄像头图层,请选中它,然后单击删除按钮(垃圾桶图标)。

2. 将滑块向右拖动。

摄像头视图会放大到更接近舞台。

3. 当滑块到达滑块的边缘时，释放鼠标。

滑块会回到中心，允许您继续向右拖动以继续缩放。

您还可以在"摄像头属性"部分的"属性"面板中输入放大的数值。

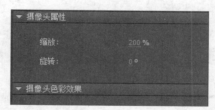

4. 继续缩放摄像头，直到达到约270%。

舞台上显示了处于两个主角之间的城市夜景的特写视图。

> **An** **注意**：使用摄像头变焦模式时，请注意图像分辨率。与任何位图一样，放大过度将暴露原始嵌入图像的限制。

4.15.4 移动摄像头

您不想让摄像头对焦于两个角色之间的空白区域，因此您将移动摄像头以专注于女演员。

1. 将指针放在舞台上，将摄像头向左拖动。

舞台的内容将向右移动。这可能让您感觉有点违反直觉，但记住，您是在移动摄像头，而不是舞台的内容。因此，如果您将摄像头对准左侧，视图中的对象将向右移动。

2. 继续拖动摄像头以对女演员进行构图，以便她处于画面中间，她的眼睛在摄像头的顶部边缘处切断。

4.15.5　制作摄像头平移效果

平移是摄像头从左到右或上下的运动。在下一步中，您将慢慢向上平移摄像头以显露女演员的脸。您将使用补间动画来制作摄像头运动效果。

1. 在时间轴上，选择"摄像头"图层中的任意帧，然后右键单击。在出现的菜单中，选择"创建运动补间"。

补间动画被添加到摄像头层，由蓝色框指示。您目前只有一个关键帧，因此您将在时间轴上进一步添加其他关键帧以完成动作。

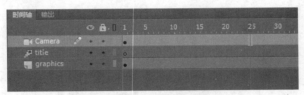

2. 将播放头移动到第 25 帧。

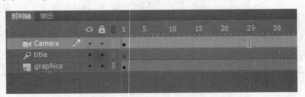

3. 将指针放在舞台上，向上拖动摄像头以显示女演员的脸。按住 Shift 键将运动限制为垂直线。

在第 25 帧处将建立新的关键帧，并且 Animate 将在两个关键帧之间创建摄像头的平滑运动。

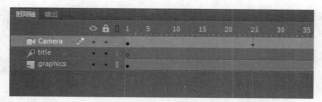

4. 单击时间轴底部的循环按钮，将开始标记移动到摄像头图层的第一个关键帧，并将结束标记移动到第二个关键帧之外几个帧。

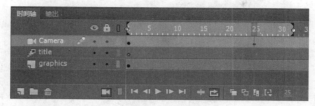

5. 按 Enter/Return 键预览补间动画，使摄像头向上平移以显示女演员的面部。

4.15.6 在舞台上平移

观众现在将看到这个神秘的女演员，她正在注视她的左边。但是她在看什么？接下来，您将使摄像头继续运动，以便在舞台上平移，以显示她的目光所视内容。

1. 在时间轴上，仍在"摄像头"图层中，在第 40 帧处创建关键帧（F6）。
摄像头将保持其从第 25 帧到第 40 帧的位置。

2. 将播放头移动到第 70 帧。

3. 按住 Shift 键并向右拖动摄像头以显示男演员的面部。

在第 70 帧处将自动创建新的关键帧，其中摄像头处于其新位置。摄像头在第 40 帧和第 70 帧之间从左到右横跨舞台。

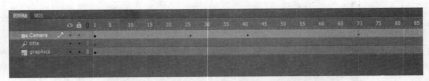

然而，男演员的脸并不完全处在视图中。接下来，您将稍微缩放摄像头，Animate 将平移和缩放在一起。

4. 将舞台摄像头控件上的滑块向左拖动以略微缩小。

摄像头变焦使人的面部偏离中心位置，因此您必须稍微调整画面构图。

5. 拖动摄像头使人脸重新居中。

6. 取消选择"循环"选项，然后按 Enter/Return 键预览动画。

摄像头慢慢地平移到女演员的脸上。它暂停一会儿，然后向右摇动，同时稍微缩小以显示男演员的脸。

4.15.7 缩小摄像头

要完成动画，您需要将摄像头缩小以显示两个角色和整个舞台。

1. 在时间轴上，在第 90 帧处创建关键帧（F6）。

摄像头将从第 70 帧到第 90 帧保持其位置。

2. 将播放头移动到第 140 帧。

3. 在"属性"面板的"摄像头属性"部分，在缩放输入 100%。

4. 在舞台上拖动摄像头以将视图重新居中。

5. 按 Enter/Return 键预览整个动画。

在神秘人被揭示后，摄像头将缩小以让两个角色、城市夜景和标题的动画进入视图。

4.15.8 设置摄像头色彩效果

您还可以应用摄像头色彩效果来创建颜色色调或更改舞台上整个视图的对比度、饱和度、亮度或色调。在下一步，您将对摄像头设置去饱和的视图，以强调这个虚构电影的黑色电影类型。

1 在时间轴上，在第 160 帧处创建关键帧（F6）。

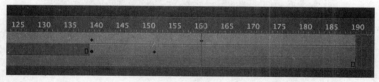

2 在"摄像头颜色效果"部分的"属性"面板中，选择调整颜色。

将出现亮度，对比度，饱和度和色相值，所有值的值为 0。

3　将播放头移动到第 190 帧并创建一个新的关键帧（F6）。

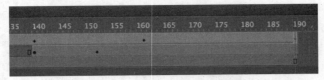

4　通过拖动值，或双击该值并输入数字，将饱和度更改为 -100。

通过摄像头的视图将变得饱和，舞台上的所有图形显示为黑白色。Animate 从第 160 帧到第 190 帧创建了一个更饱和的摄像头运动补间。

注意：虽然在此任务中只对摄像头进行了缩放和平移，但您还可以使用的摄像头控制条的"旋转舞台"按钮或"属性"面板的"摄像头属性"部分中的"旋转"选项以大致相同的方式更改摄像头的旋转动画。

4.16　预览动画

可以通过在"时间轴"上来回"拖动"红色播放头或选择"控制" > "播放"快速预览动画。也可以使用"时间轴"底部的集成控制器。

不过，为了预览动画或预览影片剪辑元件内任何嵌套的动画，应需测试影片。可选择"控制" > "测试影片"。

Animate 将导出一个 SWF 文件，并将其存储在与 FLA 文件相同的位置。该 SWF 文件是嵌入在 HTML 页面中的，经过压缩的、最终的 Animate 媒体，并将在带有 FlashPlayer 的浏览器中播放。Animate 将在与"舞台"尺寸完全相同的新窗口中显示此 SWF 文件，并播放动画。

测试一下两个影片的效果，包括 04CameraStart.fla 和 04_working-copy.fla。

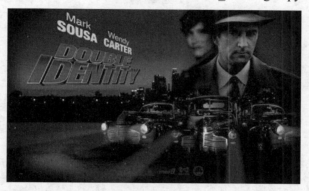

 注意： 在"测试影片"模式下导出的 SWF 文件将自动循环播放。要在"测试影片"模式下阻止循环播放，可选择"控制">"循环"，取消选择循环播放选项。

要退出"测试影片"模式，可以单击"关闭窗口"按钮。

可以通过选择"控制">"测试影片">"在浏览器中"来预览影片，Animate 将导出一个 SWF 文件并自动在默认浏览器中打开它。

 注意： 如果已经在"发布设置"中指定了一个不同的发布平台（如 AdobeAIR），这些选项将会在"控制">"测试影片"菜单中可用。

生成PNG序列和Sprite表

现在可以创建复杂的动画并使用FlashPlayer来播放SWF文件，也可以使用Animate强大的工具来创建动画并导出为其他环境下使用的一系列图片。例如，HTML5或移动设备中的动画常常需要PNG序列或一个包含按行列顺序打包了所有图片（Sprite表）的单一文件。Sprite表是一个描述了文件中所有图片或子画面的位置的数据文件。

制作生成动画的PNG序列或Sprite表非常简单。

第一步，动画必须包含影片剪辑元件。在"库"面板中，用鼠标右键单击或按住Ctrl键单击元件并选择导出为PNG序列。

接下来，为图片选择硬盘上的地址以及图片的大小。

用鼠标右键单击或按住Ctrl键并单击元件，选择"生成Sprite表"。将出现"生成Sprite表"对话框，里面提供了包括大小、背景颜色和特定数据格式的选项。

单击"导出"来导出Sprite表数据文件。数据文件决定了在何种开发环境下使用Sprite表。例如JSON、Starling、cocos2D或者Adobe Edge Animate就是其中一些数据格式。

复习题

1. 补间动画的两种要求是什么？
2. ActionScript3.0 文件中的补间动画可以改变哪些类型的属性？
3. 什么是属性关键帧，它们为什么很重要？
4. 怎样编辑运动的路径？
5. 缓动对于补间动画的作用是什么？
6. 使用摄像头工具可以进行什么类型的动画？

复习题答案

1. 补间动画需要"舞台"上的元件实例以及它自己的图层，该图层被称为"补间"图层。"补间"图层上不能有其他的补间或绘制对象存在。
2. 补间动画在对象的位置、缩放比率、旋转、透明度、亮度、色调、滤镜值以及3D 旋转或平移的不同关键帧之间创建平滑过渡。
3. 关键帧标记对象的一种或多种属性中的变化。关键帧特定于每种属性，因此补间动画所具有的针对位置的关键帧可以不同于针对透明度的关键帧。
4. 要编辑运动的路径，可以选取"选择"工具，然后直接在路径上单击并拖动使其弯曲。也可以选择"转换锚点"工具和"部分选取"工具，在锚点处拖出句柄。句柄控制着路径的曲度。
5. 缓动改变了补间动画的速度。不使用缓动的补间动画是线性的，也就是说变化是均匀发生的。缓入效果使对象在动画一开始时比较缓慢，而缓出效果使对象在动画结束时比较缓慢。
6. 摄像头工具可以改变舞台上的视角。使用摄像头工具可以对舞台进行放大来显示不同的部位，可以缩小舞台以显示更多内容，还可以旋转或者平移摄像头来获得不同的视角。您还可以使用摄像头工具来调整舞台的色调或者色彩效果。

第5课 高级补间动画

5.1 课程概述

在本课中，您将了解如何执行以下操作：

- 使用动画编辑器细化和创建复杂动画
- 了解何时使用动画编辑器
- 更改动画编辑器视图
- 编辑属性曲线
- 复制并粘贴属性曲线
- 使用缓动来创建更逼真的运动·将不同的缓动添加到不同的属性曲线
- 修改或删除缓动
- 了解属性曲线和缓动曲线之间的差异

学习该课程需要大约 1 个小时。

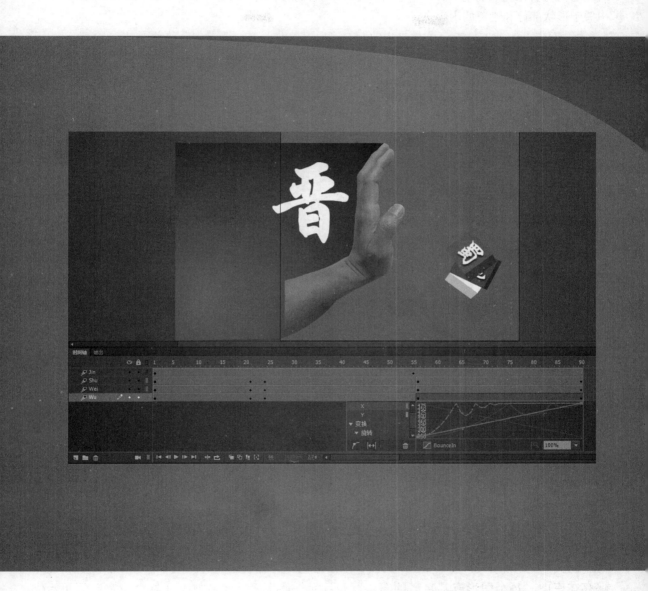

　　Adobe Animate CC 中的高级动画
编辑器可以快速，轻松地创建复杂的动
画。您可以使用动画编辑器查看补间动
画的属性如何随时间变化，以及对复杂
效果应用缓动。

5.2　开始

首先查看已完成的电影文件，查看您将在本课程中创建的动画。您将学习 Adobe Animate CC 中关于形状部件和遮罩的内容。

1. 双击 Lesson05/05End 文件夹中的 05End.html 文件，在浏览器中播放动画。

该项目是一个简短的动画，用于表达晋打败了魏蜀吴三国的故事。这个故事在中国历史书上可以了解到。在该动画中，写著蜀，魏和吴的旗子方块分别代表蜀国，魏国和吴国。一会儿后，一只带有晋旗子的大手将撞上了这几种旗子方块，并使它们掉下来。在本课程中，您将使用动画编辑器来细化这些旗子的补间动画，包括当它们下降时的弹跳运动。

2. 关闭 05End.html 文件。

3. 双击 Lesson05/05Start 文件夹中的 05Start.fla 文件，以在 Animate 中打开初始项目文件。此文件是一个 HTML5 Canvas 文档，里面已包含为您创建的所有图形，其中影片剪辑元件保存在库中。每个图形有其自己的图层，并且元件的实例已经被放置在舞台中它们的初始位置上。

4. 选择视图 > 粘贴板或按 Shift + Ctrl + W（Windows）/ Shift + Command + W（Mac）启用粘贴板，以便您可以看到位于舞台外的所有图形。

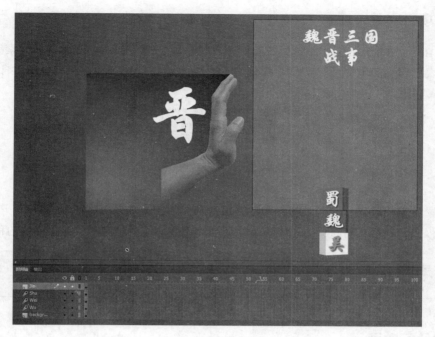

5. 选择文件 > 另存为。将文件命名为 05_workingcopy.fla，并将其保存在 05Start 文件夹中。保存工作副本可确保如果要重新开始，原始启动文件将可用。

5.3 关于动画编辑器

您不必使用动画编辑器来创建动画。但是，如果您需要处理的补间动画在不同时间内多个属性发生了改变（例如，一个火箭，当它在舞台上移动时会褪色和旋转），或者如果您要制作模仿真实物理现象的动画（如弹跳和回弹），那么动画编辑器可以使任务更简单。

动画编辑器是集成到时间轴中的高级面板，只有在编辑补间动画时才能访问。该面板以线条的形式显示了动画的属性如何在补间动画的过程中发生改变。您需要一些时间来熟悉线条的含义，以及曲线如何转化为舞台上的视觉变化。但一旦认识到曲线如何反映动画的变化，您就拥有了一个强大的工具。您可以通过添加或删除锚点来修改图形上的曲线（称为属性曲线），并使用 Bezier 曲线精细地更改其曲率。您可以复制属性曲线并将其应用于其他属性或其他补间动画。

动画编辑器还允许您对动画应用复杂的缓动。虽然您可以通过"属性"面板应用缓动，但"动画编辑器"提供了更广泛的缓动类型，并提供了自定义缓动的选项。动画编辑器还可以直观地显示您的缓动如何影响属性曲线。您甚至可以对不同的属性曲线应用不同的缓动。

> **An** | 提示：如果选择了"视图" > "粘贴板"，但是仍然看不到舞台以外的图形，请检查第 1 课中描述的"剪切掉舞台范围以外的内容"按钮的状态。

5.4 了解项目文件

05Start.fla 文件有五个图层。背景图层中包含的是不会进行动画处理的背景元素。Jin 图层包含手部和代表晋旗子的电影剪辑实例。其他三个图层（Shu，Wei 和 Wu）中分别包含对应货币方块的电影剪辑实例。

舞台设置为 500 像素 ×600 像素，舞台的颜色为灰色。

在本课程中，您将在前四个图层中添加补间动画，并使用动画编辑器细化方块的移动。

> **An** | **注意**：动画编辑器仅适用于补间动画（而不是传统补间、形状补间、使用骨骼工具的逆运动学或逐帧动画）。

5.5 添加补间动画

您将通过动画化代表蜀国，魏国和吴国的三个方块来启动这个项目。这三个方块将从舞台下面开始向上升起。

1. 选择所有三个方块（蜀旗子、魏旗子和吴旗子的方块）。
2. 右键单击所选内容，然后选择"创建补间动画"。

Animate 将为这三个影片剪辑实例创建补间动画，并将这三个图层的时间轴扩展到第 24 帧，表示一秒钟的时间。

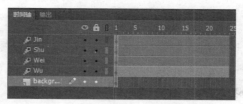

3. 将红色播放头移动到第 24 帧。

4. 向其他两个层添加附加的帧，使得它们延伸到第 24 帧。

5. 选择所有三个方块，按住 Shift 键的同时将它们向上移动到舞台上。将方块拖到舞台上足够高的位置，以便他们有空间跌落并翻滚。

结束关键帧被添加到所有三个实例中。

6. 按 Enter/Return 键预览动画。

三个方块将向上移动到舞台上，粘在一起。

5.6　编辑属性曲线

三个方块将出现在舞台上供观众观看，但是动画的运动显得迟缓，缺乏趣味。要创建更具动态的动画，给方块提供一些活力和快感，您可以在动画编辑器中修改其 Y 属性的曲线。

1. 在时间轴上双击 Shu 图层中的补间动画，或右键单击并选择"调整补间"。

补间动画将展开并显示"动画编辑器"面板。动画编辑器包含两条红直线。一个表示 X 位置的变化，另一个表示 Y 位置的变化。X 属性和 Y 属性都分组在位置属性组下。

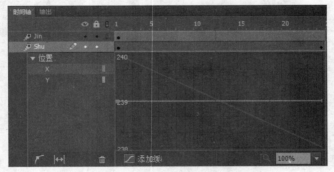

2. 单击 X 属性以选择它。

水平红线变为粗体，向下对角线则变淡。水平红线表示块的 X 位置的值，其在补间动画的范围内保持不变。注意，曲线图的纵轴上的标度被限制在从 238 到 240 的范围内。

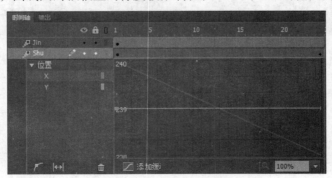

3. 现在，选择 Y 属性。

向下的对角线变为粗体，水平线则变淡。对角线表示块的 Y 位置的值，其在补间动画的过程中减小（方块向上移动）。由于 Y 值的变化，垂直比例现在扩大到更宽的范围。

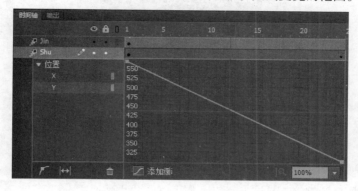

5.6.1 了解动画编辑器中的值

动画编辑器纵轴上的单位测量所选属性的值。当选择 Y 属性时，Animate 显示补间动画的 Y 位置的像素单位。

曲线的初始值似乎大于 560，最终值似乎约为 200。然而，当您在属性面板查看蜀旗子影片剪辑的位置时，这些值似乎与初始 Y 值并不匹配。为什么会出现差异？

动画编辑器根据对象的变换点进行测量。由于对象的变换点在中心，因此动画编辑器的纵值将 Y 属性值显示为初始位置加上影片剪辑高度的一半。

5.6.2 添加锚点

您希望为在舞台上移动的第一个方块创建非线性属性曲线，也就是说，您希望方块在每个时间间隔内移动不同的距离。线性属性曲线上的对象在每个时间间隔期间移动相同的距离，这在动画编辑器中由直线表示。非线性路径是弯曲的。

要更改属性曲线的形状，请添加锚点。您可以从每个锚点更改曲线的曲率或方向。

1. 在动画编辑器底部的图表上选择添加锚点。

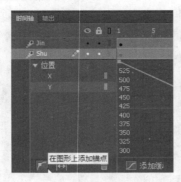

2. 确保 Y 属性曲线仍然被选中，并将鼠标指针移动到属性曲线上。
光标变为带有加号的钢笔工具图标，表示您可以向曲线添加锚点。

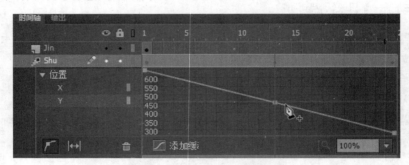

3. 使用鼠标在第 21 帧向下拖动曲线，并在锚点位于大约 25 像素标记处时释放鼠标按钮（图形将跟随鼠标滚动到 250 像素标记下方）。

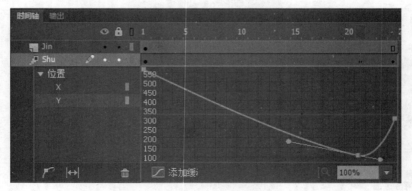

这将为曲线添加一个新的锚点，并在第 21 帧添加一个新的关键帧。

锚点允许您更改动画的运动。新曲线在最终关键帧之前超过了补间动画的最终 Y 值。生成的运动使影片剪辑快速向上移动，然后回退到其最终的 Y 位置值。您可以按 Enter/Return 键查看运动。

4. 再次选择"在图形上添加锚点"。

5. 在第 5 帧处添加新锚点，并将其向右拖动到第 8 帧左右。

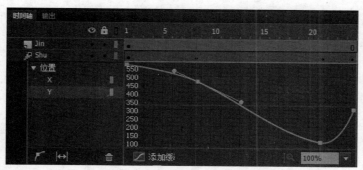

　　向图中添加另一个锚点也会向补间动画添加新的关键帧。新曲线看起来像一个宽阔的，懒散的"S"形状，开始时有平滑的斜坡，中间有一个陡峭的部分，尾部有凹凸。

6. 按 Enter/Return 键测试新动画。

　　红色播放头会在补间动画移动。新曲线使影片剪辑缓慢加速进入其运动，然后快速超过其目的地，最后回到其结束值。

5.6.3　改变曲率

　　每个新的锚点都带有方向手柄，允许您更改该点的曲率。锚点和方向手柄与绘制路径时由钢笔工具创建的一样。

1. 在第 21 帧的关键帧处单击 Y 属性曲线上的锚点。

　　所选定位点处将出现方向手柄。

2. 使用向左方向点向下拖动左手柄，使方向手柄水平。

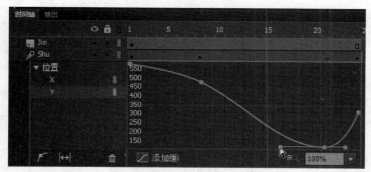

　　属性曲线在第 21 帧处变平，这使得影片剪辑在再次移动之前在该 Y 位置仅保持一秒钟。这个细微的挂起时间使电影剪辑具有更加逼真的物理运动效果，就像您将球扔向空中，球将保持静止一会儿，然后落回地面。

An　|　**提示：** 也可以双击属性曲线上的位置以添加新的锚点。

---

3. 按 Enter/Return 键测试新动作。

红色播放头会移动补间动画。新曲线使影片剪辑具有更逼真的运动效果。

5.6.4 移动锚点

您可以将任何锚点（包括第一个和最后一个关键帧的锚点）沿纵轴移动到新的属性值。您还可以将任何锚点（除第一个之外）沿着补间动画移动到新的时间点上。

实际上，将锚点移动到新的时间时，将移动补间范围内的关键帧。

1. 在第 8 帧处选择锚点。

选定锚点处出现手柄。

2. 将锚点稍微向上和向右拖动（到下一个关键帧）。

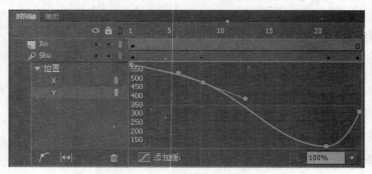

属性曲线变得更加平坦，从而产生更加延长的效果。

3. 按 Enter/Return 键测试新动作。

最后的动画比线性动画更有趣，您的补间动画升起又回落下来，就像有人把它扔到空中。

5.6.5 删除锚点

如果您添加的锚点太多，您可以随时删除它们（除了第一个和最后一个锚点）。删除锚点与删除补间动画的关键帧具有相同的效果。

按住 Command/Ctrl 键。

当您将鼠标悬停在任何锚点上时，光标将变为带有减号的"钢笔"图标。单击任何锚点（除了第一个或最后一个）。

提示：当您移动锚点的方向手柄时，按住 Alt/Option 键，可以独立于其他方向改变方向手柄的角度。您可以调整每个方向手柄的长度，而无需按住 Alt/Option。如果您独立于其他方向调整方向柄一侧的长度或角度，则可以对属性曲线创建更丰富的调整。

注意：一些锚点（例如，第一个和最后一个锚点的属性曲线）默认没有方向手柄。按住 Alt/Option 键，然后拖动所选的锚点以拉出方向手柄并编辑曲率。

提示：按住 Alt/Option 键并单击一个锚点以删除其方向手柄，将其转换为没有平滑曲线的角点。

Tip：按住 Shift 键可将拖动操作限制为垂直或水平方向。

Tip：您可以使用箭头键微调所选的锚点以进行精确控制。按向上或向下箭头键来向上或向下移动锚点一个属性单位，或按住 Shift 加向上或向下箭头键来向上或向下移动锚点十个属性单位。

Animate 从属性曲线中删除锚点。在本课程中，先不要从项目中删除任何锚点。如果您删除了，请按 Ctrl + Z（Windows）Command + Z（Mac）以撤消操作。

5.6.6 删除属性曲线

单击"动画编辑器"底部的"为选定属性删除补间"（垃圾箱图标）可删除所选属性曲线的补间动画。

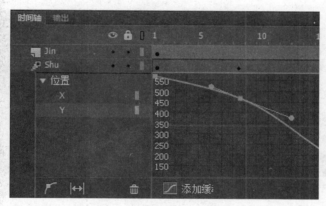

此时，您的动画仅具有一个属性（Y 属性）的补间动画，因此删除曲线将删除补间动画中的属性更改。如果要在具有多个属性变化时删除特定属性的动画，请使用"删除补间动画"选项。

5.6.7 查看动画编辑器的选项

Animate 为动画编辑器提供不同的查看选项，因此可以更准确地细化属性曲线。

1. 使用动画编辑器底部的菜单更改缩放级别。

纵轴展开以显示更细粒度的属性值级别。向上或向下滚动以查看曲线的顶部或底部。

2. 单击 100% 缩放将动画编辑器重置为其默认视图。

3. 单击"适应视图大小"来展开动画编辑器，以填充时间轴上的现有空间。再次单击该图标（其名称现在为"恢复视图"）以返回到默认视图。

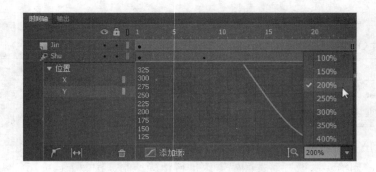

5.7 复制和粘贴曲线

您花费了大量精力为第一个影片剪辑的运动创建自定义属性曲线。幸运的是，您不必为其他电影剪辑进行这些相同的步骤。Animate 提供快速简单的方法来复制单个属性曲线或整个补间动画。

在下一节中，您将复制蜀方块的运动到魏和吴方块中。

1. 在 Shu 影片剪辑补间动画的动画编辑器中，选择 Y 属性曲线。

2. 右键单击 Y 属性曲线，然后选择"复制"。

Animate 将复制 Y 属性的曲线。

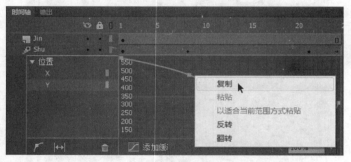

3. 双击 Wei 图层中的补间动画。

Shu 图层中的动画编辑器将折叠，而 Wei 图层中的动画编辑器将展开。魏国层中补间动画的 X 特性曲线和 Y 特性曲线都是直线的，线性的运动。

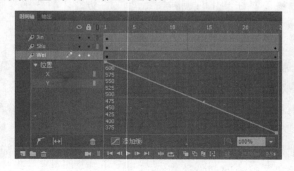

4. 选择 Y 属性。

5. 右键单击 Y 属性曲线，然后选择"以适合当前范围方式粘贴"。

从 Shu 影片剪辑复制的属性曲线数据将应用于 Wei 影片剪辑，但会根据 Wei 剪辑的运动的 Y 位置值范围进行调整。

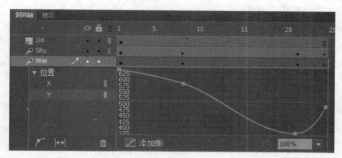

最后粘贴的曲线具有正确的形状和锚点曲率，但是它被挤压以适合 Wei 补间动画的开始点和结束点。这意味着它的结束点在舞台上比您想要的低。

An 注意：您可以为动画编辑器输入自定义放大等级，但最小值为 100%，最大值为 400%。

An 提示：您也可以按住 Ctrl/Command 键并在动画编辑器中滚动以更改放大倍率。

6. 按住 Shift 键并向下拖动最终锚点，使其属性值与先前的锚点相同。(最后的锚点应该在魏国块紧靠蜀国块下方的位置，它们之间没有空格)。

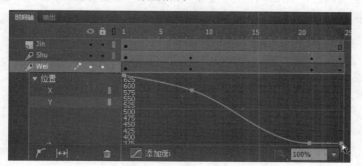

7. 按住 Shift 键，然后在动画编辑器中单击并拖动第 21 帧处的锚点到约 Y =150，以在原始曲线中重新创建平缓坡度。

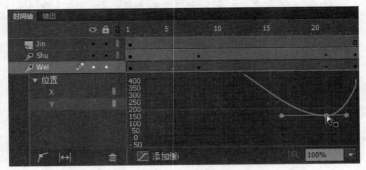

8. 按 Enter/Return 键测试新动作。

蜀国和魏国方块都慢慢地开始运动，飞上高点，然后在舞台中间安顿下来。

粘贴vs以适合当前范围方式粘贴

当您粘贴复制特性曲线，您有两个命令可以选择："粘贴"和"以适合当前范围方式粘贴"。在前一个任务中，您使用的是"以适合当前范围方式粘贴"，该选项映射复制曲线的开始和结束点到它目标的开始和结束点。

简单的粘贴命令将粘贴属性曲线，包括曲线的形状和它的原始值。如果您选择对Wei的影片剪辑的属性曲线使用"粘贴"，它会严格按照所复制曲线（Shu补间动画）的y轴运动。最后的结果将是Wei电影剪辑隐藏在Shu电影剪辑之下。

复制整个补间动画

在动画编辑器中复制和粘贴单个曲线可以复制单个属性的动画。例如，您可以复制补间动画的 Y 运动，但不复制其旋转。

在此项目中，由于要复制蜀块（其仅包括沿 Y 属性更改）的整个补间动画，您可以使用命令"编辑" > "时间轴" > "复制动画"和"编辑" > "时间轴" > "粘贴动画"。

您将使用"复制动画"和"粘贴动画"来复制 Wei 电影剪辑的补间动画并粘贴到 Wu 影片剪辑中。

1. 双击 Wei 图层中的补间动画以折叠动画编辑器。

2. 在 Wei 图层中按住 Shift 键并单击补间动画。

选择整个补间范围。

3. 右键单击并选择"复制动画"，或选择"编辑">"时间轴">"复制动画"。

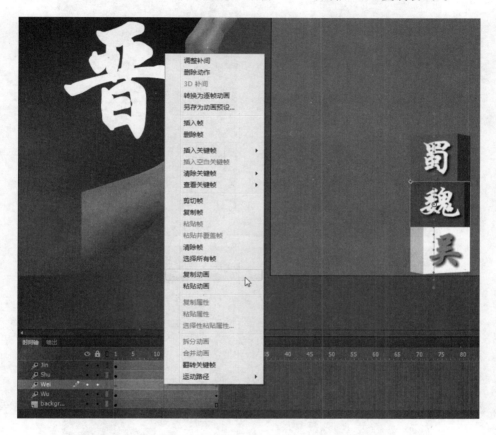

整个 Wei 图层的补间动画被复制。

4. 选择 Wu 图层中的补间动画。

5. 右键单击并选择"粘贴动画"，或选择"编辑">"时间轴">"粘贴动画"。

Wu 补间动画的属性曲线现在与魏国补间动画的属性曲线相同，具有不同的开始和结束值。

如果要进一步细化吴国块的运动，请打开其动画编辑器。

选择 Y 位置属性，并降低它上升的高度（通过在第 21 帧中向上轻轻地拖动锚点）。这样做会在所有块之间产生轻微的分离。对属性曲线关键帧的位置进行微调，直到您对整体运动满意为止。

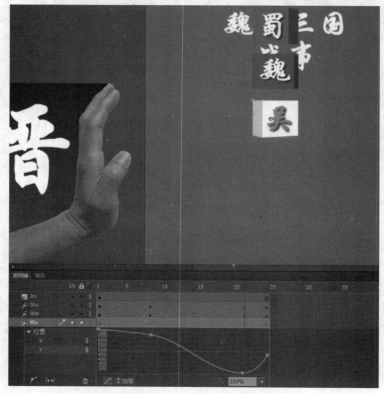

关闭动画编辑器，完成调整。

5.8 添加复杂的缓动

现在，三个代表蜀，魏和吴货币方块的动画已经完成，是时候为推动它们的手制作动画了。手将水平移动到舞台上，拖动堆叠的方块，使它们倒塌。

手缓动进入舞台并推倒方块的运动可能相当复杂。随着方块倒塌，他们上下弹起，每次反弹的高度均有所降低。幸运的是，动画编辑器使得大部分运动可以快速实现并且容易编辑。

5.8.1 添加下一个补间动画

下一个补间动画将用于代表晋的手。影片剪辑位于舞台的左边，位于名为 Jin 的图层中。

1. 为所有图层选择帧 90，然后按 F5（"插入" > "时间轴" > "帧"）。

Animate 将为所有图层添加帧到第 90 帧。这确定了手进入舞台并击倒方块的时间跨度。

2. 在 Jin 图层中选择第 40 帧并插入一个新的关键帧（F6）以定义手开始移动的时刻。

Jin 图层的第 40 帧添加了一个关键帧，并且将来自先前关键帧的影片剪辑实例复制到其中。

3. 右键单击舞台附近的晋影片剪辑实例，然后选择"创建补间动画"。

4. 将红色播放头移动到第 55 帧，我们希望手与块接触的点。

5. 将手直接移动穿过舞台，使其手掌靠在方块堆上。（使用向右箭头键将影片剪辑的运动限制为水平方向。）X 位置应约为 2。确保 Y 位置在结束关键帧中保持为 Y=210，如起始关键帧那样。

Jin 影片剪辑实例现在是动画，因此它从左到右直接穿过舞台并在第 55 帧停止。影片剪辑从第 55 帧到第 90 帧停留在其结束位置。

6. 选择 Jin 图层的第 56 帧。

7. 右键单击并选择"拆分动画"。

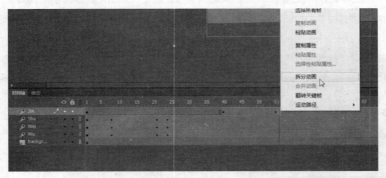

Jin 图层中的补间动画被分成两个补间动画——一个从第 40 帧开始，另一个从第 56 帧开始。

8. 在第 56 帧处，右键单击并选择 "删除动作"。

第 56 帧处的补间动画被删除，影片剪辑实例从第 56 帧到动画的最后一帧保持为静态图形。从第 40 帧到第 56 帧的补间动画现在准备好了。

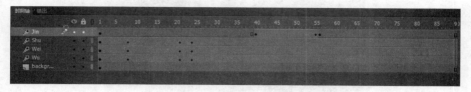

5.8.2 添加缓入

动画编辑器提供了许多不同的缓入类型，可以为简单的的动作——例如 Jin 的电影剪辑，增加更有趣的效果。

1. 在 Jin 图层中双击补间动画，或右键单击并选择 "调整补间"。

动画编辑器打开以显示 X 和 Y 的属性曲线。X 特性曲线向上倾斜，而 Y 特性曲线相对平坦。

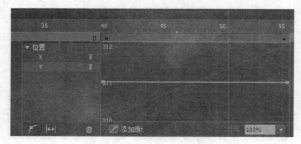

2. 选择 X 属性曲线。

3. 单击动画编辑器底部的添加缓动按钮。

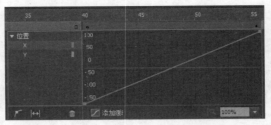

"缓动"面板打开,列出按类别分组的不同缓动预设,从顶部的"无缓动"到底部的"自定义"。不同的缓动预设改变了补间动画从第一个关键帧到最后一帧的过程。

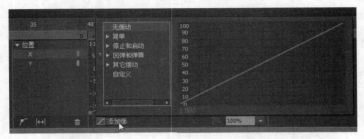

4. 双击简单类别。

"简单"类别打开,显示慢速,中,快速和最快的预设。"简单"类别中的缓动影响补间动画(开始或结束)的一侧。"停止和启动"类别中的缓动会影响补间动画的两侧。其他类别中的缓动是更复杂的缓动类型。

5. 选择"快速"预设。

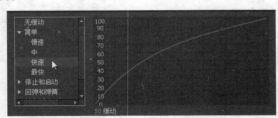

快速缓动曲线以图形方式显示缓动的强度。较慢的缓动相对较浅,并且更接近直线,而较快的缓动具有更大的曲率。

6. 双击缓动值并将其更改为 -60;然后按 Tab 或 Enter/Return 退出输入字段并确认。您也可以在缓动值上拖动以进行更改(向左或向下拖动以减小值;向右或向上拖动可增加值)。

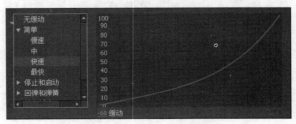

缓动值确定每个缓动预设的缓动的强度和缓动的方向。正数表示缓出，负数表示缓入。

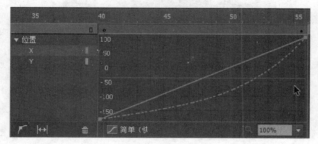

提示：您可以使用向上，向下，向左和向右箭头键在"动画编辑器"的"缓动"面板中导航缓动类型。

注意：选择了缓动预设后，"添加缓动"按钮上的标签将更改为预设的名称。

7. 单击"缓动"面板以关闭它，或按 Esc 键。

在动画编辑器中出现的虚线叠加在原始属性曲线上。这被称为"合成曲线"并且显示出了对于补间动画缓动的影响。

8. 关闭动画编辑器并按 Enter/Return 键测试新运动。

晋方块的补间动画缓慢地前进，不断加速，直到它最终与舞台中间的方块堆碰撞。

如果影片剪辑被选中，则其在舞台上的补间动画路径将显示实例在每个帧处的位置。在补间路径左侧聚集的点意味着对象的运动离其开始位置移动得不很远，但是逐渐加速。

5.8.3 删除缓动

缓动可以快速删除，就像您添加它们那样。

1. 在 Jin 图层中双击补间动画，或右键单击并选择"调整补间"。

2. 单击位于动画编辑器底部的"缓动"按钮，该按钮现在包含标签"简单（快速）"。Animate 打开"缓动"面板，显示当前选定的缓动。

3. 选择"无缓动"以删除缓动预设，然后按 Esc 键关闭"缓动"面板。

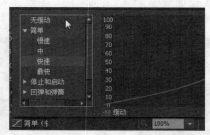

4. 按 Ctrl + Z（Windows）/ Command + Z（Mac）可撤消删除。

在这个项目中您将保留这个缓动。

5. 双击 Jin 补间动画关闭动画编辑器。

属性曲线 vs 缓动曲线

当使用动画编辑器将缓动应用于补间动画时，原始的属性曲线不会永久更改。在本课的第一部分中，您通过添加锚点并更改其曲率，直接修改了补间动画的属性曲线。应用缓动类似于应用影响原始属性结果的滤镜。像滤镜一样，缓动可以编辑或删除。

可以同时修改属性曲线和添加缓动，但是组合的结果可能是不可预测的。

5.8.4 制作弹跳动画

一旦手的图形击中了方块堆，方块应该发生翻滚。您将创建具有多个复杂曲线的补间动画，以创建弹跳效果。

1. 在 Shu，Wei 和 Wu 图层中拖动选择第 56 帧。

2. 右键单击并选择"拆分动画"。

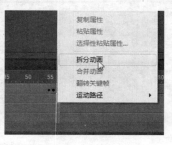

新的补间动画在所有三个图层中的第 56 帧开始。

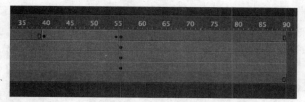

3. 将播放头移动到第 90 帧。

4. 将 Shu 影片剪辑实例移动到舞台底部 X =500 和 Y =530 处。

5. 使用任意变形工具，顺时针旋转 180 度，使其显示为上下颠倒。

6. 以相同的方式将魏国影片剪辑实例移动到舞台底部，然后使用任意变形工具将其顺时针旋转 90 度。

您可能需要隐藏上面的 Shu 图层，以便您可以选中魏国图形。

7. 将吴国影片剪辑实例移动到舞台底部，使用任意变形工具将其顺时针旋转 180 度。隐藏 Wei 图层，以便吴国图形更容易使用。

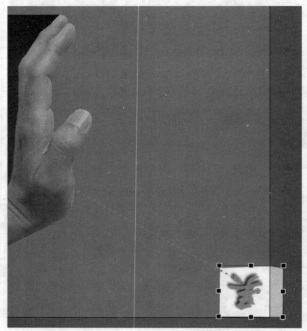

8. 按 Enter/Return 键测试新动作。

三个方块在对角线方向上优雅地下降，并边下降边旋转。您希望得到一个更暴力、更真实的翻滚动画，所以下一步是添加一些缓动。

5.8.5　使用 BounceIn 缓动

"缓动"面板中的预设之一是"BounceIn"，它模拟弹跳运动。随着补间动画接近其结束关键帧，到最终属性值的距离将逐渐减小。

1. 双击 Shu 图层中最后一个补间动画，打开动画编辑器。

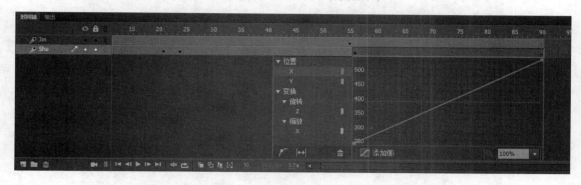

Animate 在 Shu 图层展开补间动画，显示动画编辑器面板。动画编辑器包含位置 X 和 Y 属性的属性曲线，以及变换 > 旋转的 Z 属性。

2. 选择 Y 属性。

3. 单击动画编辑器底部的"添加缓动"以打开"缓动"面板。

4. 双击"回弹和弹簧"类别以显示其中的预设。

5. 选择"BounceIn"缓动预设，并为缓动值输入 5。

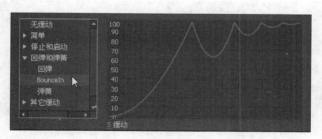

"BounceIn"缓动模拟当补间动画接近其结束时缓慢衰减的反弹。"BounceIn"缓动的缓动值决定了反弹次数。

6. 按 Tab 键确认缓动值，然后按 Esc 键关闭缓动面板。

7. 按 Enter/Return 键测试新动作。选择时间轴底部的循环选项，并将标记设置在第 56 帧和第 90 帧，以便您可以自动重复运动。

Shu 实例随着它落到地面而反弹（只有在 Y 方向）。注意由点定义的舞台上的反弹路径。

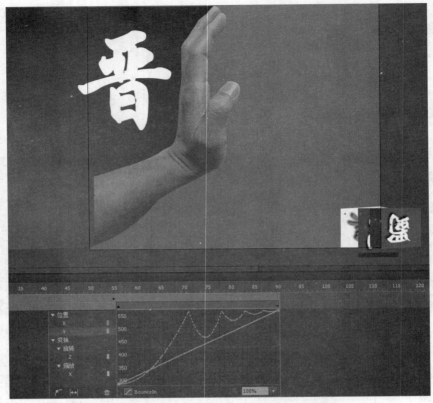

8. 折叠 Shu 图层的动画编辑器，然后展开 Wei 图层的动画编辑器。

9. 对 Wei 实例应用 "BounceIn" 缓动，并将缓动值更改为 4。

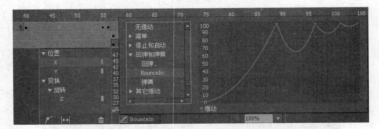

10. 折叠 Wei 图层的动画编辑器，然后展开 Wu 图层的动画编辑器。

11. 对 Wu 实例应用 "BounceIn" 缓动，并将缓动值更改为 3。

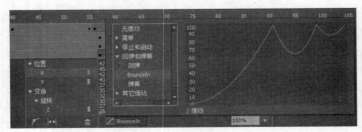

12. 按 Enter/Return 键测试新动作。

当三个方块落下时，每个块都具有不同的反弹次数。顶部弹跳最多，有五次反弹，中间反弹四次，底部弹跳三次。

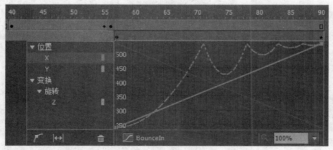

注意： 如果您遇到奇怪的，不可预测的行为，请检查确保您将"BounceIn"仅应用于 Y 属性曲线。您希望弹跳运动只影响垂直运动，而不是水平运动或旋转。

5.8.6 对不同的属性曲线应用第二个缓动

动画编辑器功能强大，因为它可以独立处理一个补间的每个属性曲线。例如，您可以为 Y 属性应用一个缓动，为 X 属性应用不同的缓动。这正是您下一步要做的。您将为每个实例的水平运动添加缓动，同时保持垂直运动的弹跳。

1. 展开 Shu 图层的动画编辑器。

2. 选择 X 属性。

3. 单击动画编辑器底部的"添加缓动"以打开"缓动"面板。

4. 双击"简单"类别。

5. 选择"快速"预设，并为缓动值输入 50。

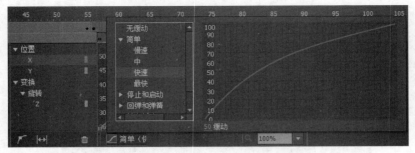

缓动值 50 表示强烈的缓出运动。

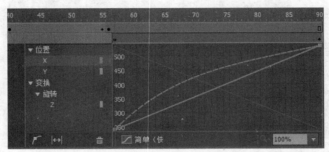

6. 对其他两个补间动画（魏国和吴国实例）的 X 属性曲线应用缓动值为 50 的快速缓动。

7. 按 Enter/Return 键测试新动作。使用时间轴底部的循环选项，以便可以自动重复运动。

随着三个方块弹跳到地面，他们的前进势头逐渐减慢，创造出一个更逼真的动画。

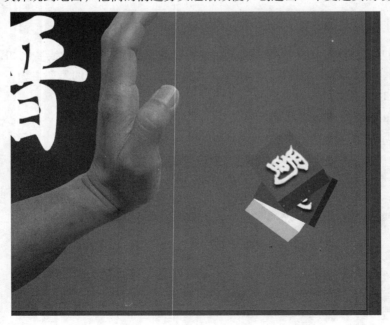

复习题

1. 如何访问补间动画的动画编辑器?

2. 属性曲线和缓动曲线有什么区别?

3. 缓动值对缓动有什么作用?

4. 您如何改变属性曲线的曲率?

复习题答案

1. 要打开"动画编辑器"面板,请双击时间轴上的补间动画,或右键单击补间动画并选择"调整补间"。

2. 属性曲线是补间动画属性值如何随时间改变的图形表示。缓动曲线表示可应用于单个属性曲线的不同变化率。Animate 以虚线形式显示属性曲线上缓动曲线的效果。

3. 缓动值改变缓动的强度和方向。缓动值会根据所选择的缓动类型而有所不同。例如,"BounceIn 缓动"的缓动值决定了弹跳的数量,而"快速"缓动的缓动值决定了它是缓入还是缓出,以及缓动的强度。

4. 要更改属性曲线的曲率,请在动画编辑器中选择属性,然后选择添加锚点。单击曲线以添加新的锚点,并移动方向手柄以更改该点处曲线的形状。您可以向上或向下移动锚点以更改属性值,也可以向左或向右移动锚点以更改补间动画中关键帧的位置。

第6课 制作形状的动画和使用遮罩

6.1 课程概述

在这一课中，将学习如何执行以下任务：

- 利用补间形状制作形状的动画
- 使用形状提示美化补间形状
- 补间形状的渐变填充
- 查看绘图纸外观轮廓
- 对补间形状应用擦除
- 创建和使用遮罩
- 理解遮罩的边界
- 制作遮罩和被遮罩图层的动画

学习该课程需要大约两个半小时。

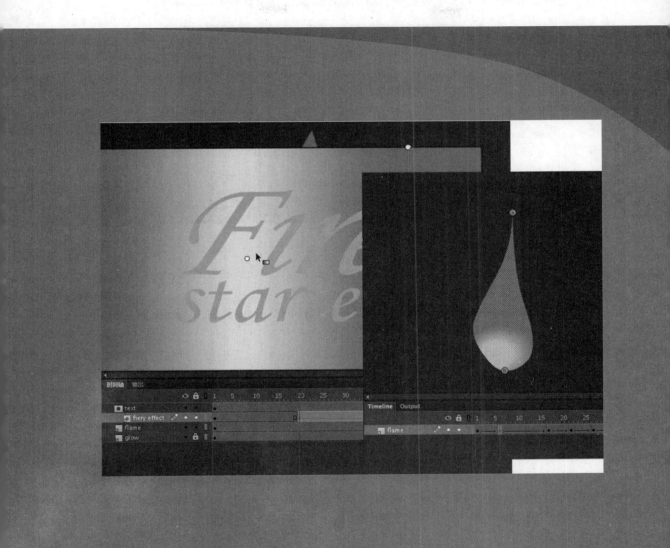

使用补间形状，可以轻松地创建变形——创建形状的有机变化。

遮罩提供了一种选择性地显示部分图层的方式。两者结合，可以给动画增加更复杂的效果。

6.2 开始

开始这一课之前先查看动画商标。因为要在学习完补间形状和遮罩之后制作出这样的效果。

1. 双击 Lesson06/06End 文件夹中的 06End.html 文件在浏览器中播放动画。

这个项目的动画效果是一个虚构公司名称上火焰闪烁不定。火焰形状不停地变换，同时在火焰里的径向渐变填充也在不停地改变。公司名称字母的线性渐变从左到右不断扫过，在本课中，将为火焰和字母中移动的颜色制作动画。

2. 关闭浏览器。双击 Lesson06/06End 文件夹中的 06Start.fla 文件，在 Animate 中打开初始项目文件。

3. 选择"文件" > "另存为"。把文件命名为"06_workingcopy.fla"，并把它保存在 06Start 文件夹中。

保存工作副本可以确保在重新开始时，可以使用原始文件。

6.3 制作形状动画

在前面的课程中，您学习了如何使用元件实例创建动画。可以使用动作、缩放、旋转、颜色效果或滤镜来给元件实例制作动画，但不能为真正的图像轮廓制作动画。例如，使用补间动画创建一个起伏不定的海面或一条蛇的滑行动作都是非常困难的。为了做得更加形象，必须使用补间形状。

补间形状是一种在关键帧之间为笔触和填充进行插值的技术。补间形状使一个形状平滑地变成另外一个形状成为可能。任何需要形状的笔触或填充发生改变的动画，例如云、水和火焰的动画，都可以使用补间形状。

由于补间形状仅能应用在图形上，所以不能使用组、元件实例或位图。

6.4 理解项目文件

06Start.fla 文件包含已经完成和放置在不同图层中的大部分图形。但是这个文件是静态的,需要给它添加动画。

text 图层在最顶部,包含公司名称"Firestarter"。flame 图层包含火焰,最下面的 glow 图层包含了一个来提供柔和光线的径向渐变。

库中没有资源。

6.5 创建补间形状

一个补间形状至少需要同一图层里的两个关键帧。起始关键帧包含使用 Animate 画图工具所画的或从 Illustrator 导入的形状,结束关键帧也包含了一个形状。补间形状在起始和结束关键帧之间插入平滑的动画。

6.5.1 建立包含不同形状的关键帧

在接下来的步骤中,将为公司名称上方的火焰创建动画。

1. 在第 40 帧处选择全部 3 个图层。

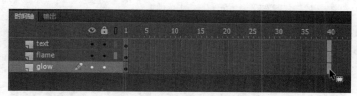

2. 选择"插入">"时间轴">"帧"(F5)。

Animate 将为 3 个图层在第 40 帧处插入额外的帧。

3. 锁定 text 图层和 glow 图层,以防意外选中它们或移动这些图层中的图形。

4. 用鼠标右键单击或按住 Ctrl 键单击 flame 图层的第 40 帧并选择插入关键帧,或选择"插入">"时间轴">"关键帧"(F6)。Animate 将在第 40 帧插入一个关键帧。前一个关键帧的内容将被复制到第二个关键帧中。

现在在 flame 图层的"时间轴"中有两个关键帧:第 1 帧的起始关键帧和第 40 帧的结束关键帧。

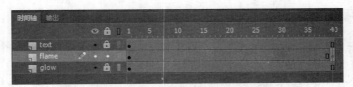

5. 选取"选择"工具。

6. 单击以便取消选择形状。单击并拖曳火焰的轮廓来使火焰更瘦一些。

现在起始关键帧和结束关键帧包含了不同的形状——起始关键帧中的胖火焰和结束关键帧中的瘦火焰。

6.5.2 应用补间形状

接下来的步骤是在关键帧之间应用补间形状来创建平滑的过渡。

1. 单击起始关键帧和结束关键帧之间的任意一帧。

2. 用鼠标右键单击或按住 Ctrl 键单击并选择"创建补间形状",也可选择在顶部菜单中选择"插入">"补间形状"。

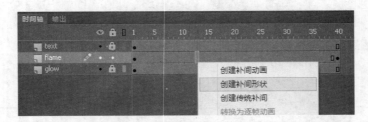

Animate 将在两个关键帧之间应用补间形状,用黑色箭头来表示。

3. 选择"控制">"播放",或通过单击"时间轴"底部的"播放"按钮来观看动画。

Animate 将在 flame 图层的关键帧之间创建平滑的动画，将第一个火焰的形状变形为第二个火焰。

混合样式

在"属性"检查器中，可以通过选择"混合"的"分布式"或"角形"选项来更改补间形状。这两个选项决定了Animate将如何在两个关键帧之间插值以改变形状。

默认为"分布式"选项，在大部分情况下这个选项都可以很好地工作，它将使用更加平滑的中间形状来创建动画。

如果形状包含许多点和直线，可以选择"角形"。

Animate将尝试在中间形状中保留明显的角落。

6.6　改变步速

补间形状的关键帧可以很容易地在"时间轴"上移动从而改变动画的时间或步速。

6.6.1 移动关键帧

在第 40 帧的过程中，火焰缓慢地从一个形状变换成另外一个形状。如果希望火焰更快速地改变形状，需要把关键帧移得更近一些。

1. 设置 flame 图层的最后一个关键帧的形状补间。

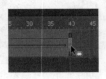

2. 单击并将关键帧拖曳到第 6 帧。

补间形状变得更短了。

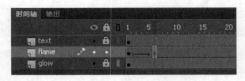

3. 通过选择"控制" > "播放"，或单击"时间轴"底部的"播放"按钮来观看影片。

火焰快速晃动，然后保持静止一直到第 40 帧。

6.7 增加更多的补间形状

可以通过增加更多的关键帧来添加补间形状，每个补间形状只需要两个关键帧来定义起始状态和结束状态。

6.7.1 插入额外的关键帧

使火焰像真正的火焰那样不停地改变形状，需增加更多的关键帧并在所有关键帧之间应用补间形状。

1. 使用鼠标右键单击或按住 Ctrl 键单击 flame 图层的第 17 帧，并选择"插入关键帧"，或选择"插入" > "时间轴" > "关键帧"（F6 键）。

Animate 将在第 17 帧插入一个新关键帧，并将前一个关键帧中的内容复制到第二个关键帧当中。

2. 使用鼠标右键单击或按住 Ctrl 键单击 flame 图层的第 22 帧，并选择"插入关键帧"，或选择"插入" > "时间轴" > "关键帧"（F6 键）。

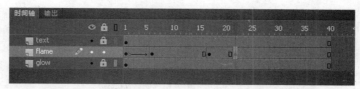

Animate 将在第 22 帧插入一个新关键帧，并将前一个关键帧中的内容复制到第二个关键帧当中。

3. 在第 27、第 33 和第 40 帧插入关键帧。

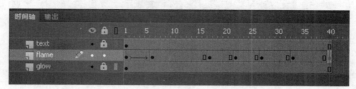

Flame 图层的"时间轴"上现在有 7 个关键帧，第一个和第二个关键帧之间有补间形状。

An　**注意**：可以通过先选中一个关键帧，然后按住 Option 键或 Alt 键单击并拖曳这个关键帧到新位置来快速复制关键帧。

4. 移动红色播放头到第 17 帧。

5. 选取"选择"工具。

6. 单击形状外部以取消选择。单击并拖动火焰的轮廓来创建另一个形状变化。可以使底部更瘦一些，或改变尖部的轮廓来使它向右或向左倾斜。

7. 改变每个新关键帧中火焰的选择来创建微小的变化。

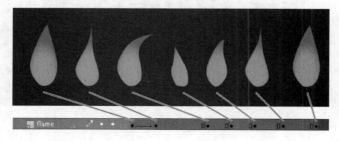

6.7.2　延长补间形状

下一步是延长补间形状以使火焰从一个形状变形到下一个形状。

1. 单击第二个和第三个关键帧之间的任意一帧。用鼠标右键单击或按住 Ctlr 键单击并选择"创建补间形状",或从顶部菜单中选择"插入">"补间形状"。

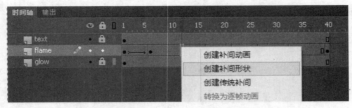

Animate 将在两个关键帧之间应用补间形状,以黑色箭头表示。

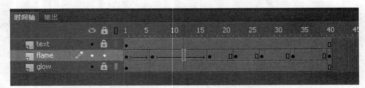

2. 继续在所有关键帧之间插入补间形状。

在 flame 图层中将会有 6 个补间形状。

3. 选择"控制">"播放",或单击"时间轴"底部的"播放"按钮来播放动画。

火焰将在动画期间来回闪烁。如果要对火焰有很大改动,火焰将有可能在关键帧之间发生一些奇怪的变形,例如毫无征兆的蹦跳或旋转。不过别担心,在本课的后面部分,将有机会用形状提示来改善动画。

残缺的补间

　　每个补间形状都需要一个起始关键帧和一个结束关键帧。如果结束关键帧丢失了，Animate将会把残缺的补间表示为黑点虚线（而不是实箭头）。

　　插入一个关键帧来修复补间。

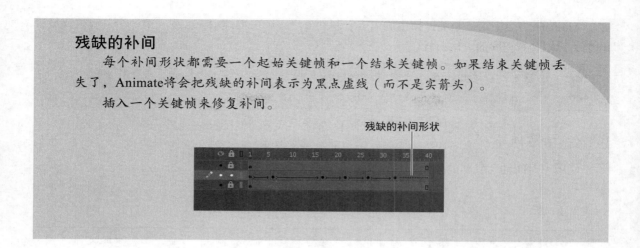

残缺的补间形状

6.8　创建循环动画

　　只要商标存在，火焰就要持续地来回晃动。可以通过将第一个和最后一个关键帧设置为相同，并将火焰放入影片剪辑元件中来创建无缝循环。上一课已经介绍过，影片剪辑元件将不断循环，并且独立于主"时间轴"。

6.8.1　复制关键帧

　　通过复制其内容来使第一个关键帧和最后一个关键帧相同。

　　1. 用鼠标右键单击或按住 Ctrl 键单击 flame 图层的第一个关键帧，选择"复制帧"。或从顶部菜单中选择"编辑">"时间轴">"复制帧"。

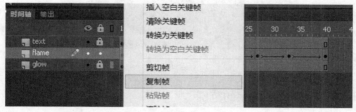

　　Animate 将把第一个关键帧的内容复制到剪贴板中。

　　2. 用鼠标右键单击或按住 Ctrl 键单击 flame 图层的最后一个关键帧，选择"粘贴帧"。或从顶部菜单中选择"编辑">"时间轴">"粘贴帧"。

Animate 将会把第一个关键帧中的内容复制到最后一个关键帧中去。现在第一个关键帧和最后一个关键帧含有相同的火焰形状。

 注意：可以通过先选中一个关键帧，然后按住 Option 键或 Alt 键单击并拖曳这个关键帧到新位置来快速复制关键帧。

6.8.2 预览循环

使用"时间轴"底部的"循环"播放按钮来预览动画。

 注意："循环"按钮仅在 Animate CC 编辑环境中循环播放，而不会在发布的文件中循环。要创建循环，可以将动画放在影片剪辑元件中或使用将会在下一课中讲到的 goto And Play() 命令。

1. 单击"时间轴"底部的"循环播放"按钮或选择"控制" > "循环播放"。

第 5 课制作形状的动画和使用遮罩当"循环播放"按钮按下时，播放头到达"时间轴"的最后一帧后将回到第一帧继续播放。

2. 扩大标记来包括"时间轴"上的所有帧（第 1 帧～第 40 帧），或单击"更改标记"按钮并选择"标记所有范围"。

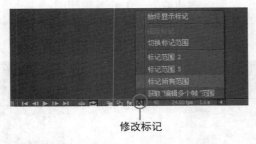

修改标记

标记决定了循环播放时被播放的帧的范围。

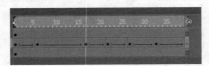

3. 单击"播放"按钮，或选择"控制" > "播放"。

火焰动画将不断循环播放。单击"暂停"按钮，或按 Enter 键或 Return 键来停止播放。

6.8.3 将动画插入影片剪辑

当动画在影片剪辑元件里时，这个动画将会自动循环播放。

1. 选中 flame 图层里的所有帧，用鼠标右键单击或按住 Ctrl 键单击并选择"剪切帧"，也可以选择"编辑">"时间轴">"剪切帧"。

2. 选择"插入">"新建元件"（Command/Ctrl+F8 组合键）。
将出现"创建新元件"对话框。

3. 输入元件名为"flame"，选择类型为"影片剪辑"，单击"确定"按钮。

Animate 将会创建一个新的影片剪辑元件，并进入新元件的元件编辑模式。

4. 用鼠标右键单击或按住 Ctrl 键单击影片剪辑时间轴的第一帧并选择"粘贴帧"，也可以选择"编辑">"时间轴">"粘贴帧"。

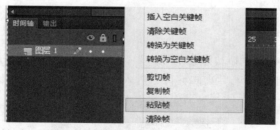

主"时间轴"中的火焰动画将被粘贴到影片剪辑元件的时间轴中。

5. 单击"舞台"上方的"编辑栏"中的 Scene 1 按钮，或选择"编辑">"编辑文档"（Command 键或 Ctrl+E 组合键）。

退出元件编辑模式并回到主"时间轴"。

6. 选择当前为空的 flame 图层，将新创建的 flame 影片剪辑元件从"库"面板中拖到"舞台"上。

一个 flame 影片剪辑元件的实例就出现在"舞台"上。

7. 选择"控制">"测试"（Command+Return 组合键或 Ctrl+Enter 组合键）。

Animate 将在新窗口中输出 SWF 文件，以便在其中预览动画。火焰将在一个无缝的循环中不停晃动。

6.9 使用形状提示

Animate 会为关键帧之间的补间形状创建平滑的变形，但有时候结果是不可预料的，形状有可能发生奇怪的弯曲、弹跳或旋转。但大部分情况下我们不会喜欢这种变化，希望保持对变形的控制，使用形状提示可以帮助改善形状的变化过程。

形状提示强制 Animate 将起始形状和结束形状的对应点——映射。通过放置多个形状提示，可对补间形状的变化有更加精确的控制。

6.9.1 增加形状提示

现在可为火焰增加形状提示以更改它从一个形状到另外一个的变形过程。

1. 双击"库"中的 flame 影片剪辑元件以进入元件编辑模式。在 flame 图层中选择补间形状的第一个关键帧。

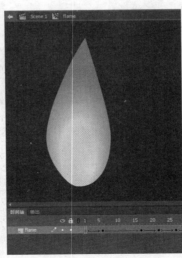

2. 选择"修改">"形状">"添加形状提示"（Command+Shift+H 组合键或 Ctrl+Shift+H 组合键）。

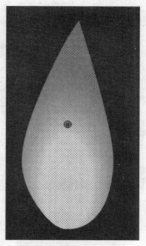

一个内含字母"a"的红圈出现在"舞台"上。红圈字母代表第一个形状提示。

3. 选取"选择"工具，并确认"贴紧至对象"选项被选中。

"工具"面板底部的磁铁图标应被选择。"贴紧至对象"选项保证对象在移动或修改时会互相紧贴。

4. 将红圈字母拖曳到火焰的顶端。

> **An** | **注意：** *应该将形状提示放置在形状的轮廓上。*

5. 再次选择"修改">"形状">"添加形状提示"以增加第二个形状提示。

一个红圈字母"b"出现在"舞台"上。

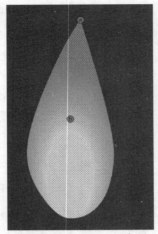

6. 将形状提示"b"拖曳至火焰的底部。

第一个关键帧已经有两个形状提示映射了形状上不同的两个点。

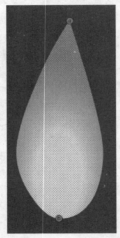

7. 选择 flame 图层的下一个关键帧（第 6 帧）。

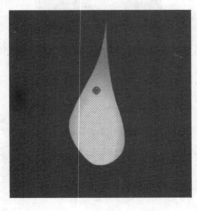

对应的红圈"b"出现在"舞台"上，而形状提示"a"则正好被挡在下面。

8. 将第二个关键帧中的红圈字母拖曳到形状中的对应点上。提示"a"放置在火焰的顶端，"b"放置在火焰的底部。

| An | **注意**：可以为一个补间形状最多添加 26 个形状提示。为了获得最好的效果，要将它们按顺时针或逆时针顺序放置。 |

形状提示变为绿色时，表示已正确地放置了形状提示。

| An | **注意**：一般来说只需为起始关键帧添加形状提示，并为结束关键帧移动形状提示到相应的位置就可以了。在这个动画中，由于有一系列的补间形状相邻放置，上一个补间形状的结束关键帧也就成了下一个的起始关键帧，因此可以为所有的关键帧都添加形状提示，但需要记住这些形状提示对应的起始或结束关键帧。 |

9. 选择第一个关键帧。

注意到初始形状提示变成了黄色，表示它们已经被正确放置。

10. 在第一个补间形状上来回拖曳播放头来观察形状提示对于补间形状的效果。

形状提示强制把第一个关键帧的火焰顶部映射到第二个关键帧的火焰顶部，对于底部也是如此，变形将被这种映射所限制。

为证明形状提示的价值，可以故意创造一些补间形状。在结束关键帧中，将提示"b"放置在顶部而将提示"a"放置在底部。

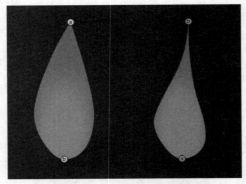

起始关键帧　　　　　　　结束关键帧

Animate 将强制把火焰的顶端变形为火焰的底部，Animate 为了变形使最后效果变成了蹦跳动作。做完实验之后记得将"a"和"b"放回顶端和底部。

6.9.2　删除形状提示

如果添加了过多的形状提示，也可以轻松地删掉那些不需要的提示，但在一个关键帧中删除形状提示将会导致另一个关键帧中的对应形状提示也被删除。

- 将一个独立的形状提示从"舞台"和"粘贴板"上完全移出。
- 选择"修改">"形状">"删除所有提示"来删除所有的形状提示。

只有补间形状的关键帧的内容会被完全呈现，其他的帧只会显示轮廓线。要想看到所有的帧都被完全呈现，需要单击"绘图纸外观轮廓"选项。

6.10　使用绘图纸功能预览动画

有时候，同时看到形状在舞台上从一个关键帧到另一个关键帧的改变是很有用的。了解形状如何变化，可让您对动画进行更明智的调整。您可以使用在时间轴底部提供的绘图纸（Onion Skinning）选项。

绘图纸显示当前选择帧之前和之后的帧的内容。

术语"绘图纸"来自于传统手绘动画。动画师在薄的，半透明的描图纸上画画，这些纸被称为绘图纸。在图画后面放着一个灯箱，里面的灯光帮助他们透过几张纸来查看。当创建动作序列时，动画师快速来回翻转他们手指间的夹着的图画。这让他们可以看到图画之间如何平滑地彼此连接。

> 提示：您可以向任何补间形状添加最多 26 个形状提示。确保以顺时针或递时针方向一致地添加它们，以获得最佳效果。

6.10.1 打开绘图纸功能

绘图纸功能有两种模式——绘图纸和绘图纸轮廓。虽然两者显示帧的范围都一样，绘图纸显示的是完整的图形，而绘图纸轮廓只显示图形的轮廓。在这个任务中，您将使用绘图纸轮廓。

1. 单击时间轴底部的"绘图纸轮廓线"按钮。

Animate 显示火焰的几个轮廓，当前选择的帧显示为红色。前两个帧以蓝色显示，后面两个帧以绿色显示。离当前帧越远，火焰的轮廓越浅。

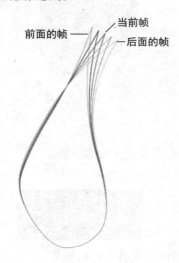

前面的帧 ——　　当前帧
　　　　　　　——后面的帧

在时间轴上，Animate 对当前选定的帧做了标记。蓝色标记括号（位于播放头左侧）表示前面的帧数，绿色标记括号（位于播放头右侧）表示后面的帧数。

2. 将播放头移动到其他帧。

无论您将播放头移动到哪里，Animate 始终让标记围绕播放头，并总是显示前后相同数量的帧。

3. 单击时间轴底部的绘图纸按钮。

绘图纸从轮廓模式切换到标准的绘图纸模式，显示了完整火焰图像的绘图纸效果。前面帧的火焰被着色为蓝色，后面帧的火焰被着色为绿色。

6.10.2 调整标记

您可以移动任一标记以显示更多或更少的绘图纸帧。

- 拖动蓝色标记以调整显示以前绘图纸帧的数量。

- 拖动绿色标记以调整显示以后绘图纸帧的数量。
- 按住 Ctrl / Command 键的同时拖动任一标记，将会对以前和以后的标记调整相同数量。
- 拖动标记的同时按住 Shift 键，将会把绘图纸范围移动到时间轴上的不同点（只要它仍包含播放头）。
- 单击"修改标记"菜单按钮选择预设标记选项。例如，您可以选择标记范围 2 或标记范围 5，使标记在当前帧的以前和以后显示两个或五个帧。

6.10.3 定制绘图纸的颜色

如果您不喜欢以前和以后帧的绿色和蓝色颜色编码，您可以在首选参数中更改它们。

1. 选择"编辑" > "首选参数"（Windows）/ "Animate CC" > "首选参数"（Mac）。将显示"首选参数"对话框。

2. 在"绘图纸外观颜色"部分中，单击"以前"，"目前"或"以后"的颜色框以选择新颜色。

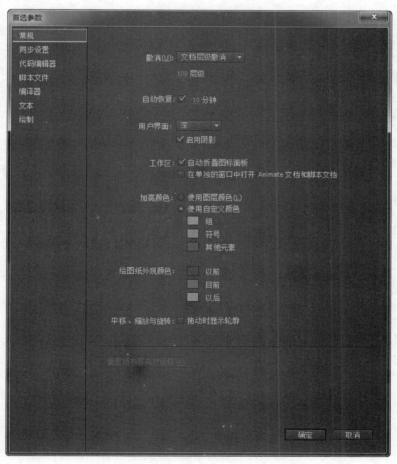

6.11 制作颜色动画

补间形状会为形状的所有方面插值，这表示一个形状的笔触和填充也可以被补间。目前为止，已经修改了笔触，也就是火焰的轮廓。接下来将修改填充使颜色可以逐渐改变——在动画的某个时间点让火焰变得更亮。

6.11.1　调整渐变填充

使用"渐变变形"工具来改变形状的颜色渐变，并使用"颜色"面板来更改渐变中使用的颜色。

1. 如果不在 flame 元件的元件编辑模式中，可双击"库"中的 flame 影片剪辑元件来编辑它，或进入元件编辑模式。

2. 选择 flame 图层的第二个关键帧（第 6 帧）。

3. 选择"渐变变形工具"，在"工具"面板中它和"任意变形工具"组合在一起。

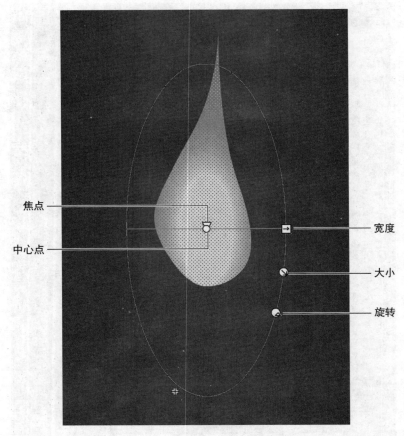

焦点

中心点

宽度

大小

旋转

"渐变变形工具"的控制点出现在火焰的渐变填充上。各种控制点可以延伸、旋转并移动填充中渐变的中心点。

4. 使用控制点将颜色渐变缩小至火焰的底部。让渐变更宽一些，并放置得更低一些，然后将渐变的中心点移至另一边。

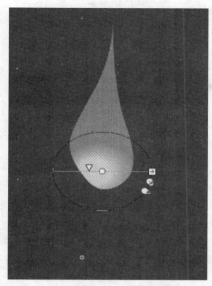

由于颜色分布在一个更小的区域，火焰的焰心显得更低而且更紧凑了。

5. 将播放头在第一个和第二个关键帧之间移动。

补间形状将会和轮廓一样自动生成火焰颜色的动画。

6. 选择 flame 图层的第 3 个关键帧（第 17 帧）。在这一帧中，可调整渐变的颜色。

7. 选取"选择"工具，单击"舞台"上火焰的填充。

8. 打开"颜色"面板（"窗口" > "颜色"）。

将出现"颜色"面板，显示选中填充的渐变颜色。

9. 单击黄色的内部颜色标记。

10. 将颜色更改为桃红色（#F019EE）。

渐变的中心颜色将变为桃红色。

11. 将播放头沿第二个和第 3 个关键帧之间移动。

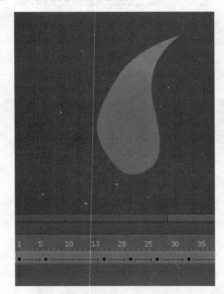

> **An** | **注意**：补间形状可以平滑地为颜色和颜色渐变制作动画，但它不能在不同的渐变类型之间制作补间动画。例如，不能为一个线性渐变和一个径向渐变添加补间。

形状补间自动为中心的颜色渐变制作由黄变粉的动画。更改其他的关键帧来实验可以为火焰添加各种有趣的效果。

6.12 创建和使用遮罩

遮罩是一种选择性地隐藏和不显示图层内容的方法。遮罩可以控制观众可以看到的内容。例如，可以制作一个圆形遮罩，让观众只能看到圆形区域里的内容，以此来得到钥匙孔或聚光灯的效果。

在 Animate 中，遮罩所在的图层要放置在需要被遮罩的内容所在图层的上面。

对本课中所创建的商标动画，可为其添加遮罩来使文字看起来更有趣。

6.12.1　定义遮罩图层

从"Fire Starter"文本创建遮罩，显示一个火焰图像下面的内容。

 注意：Animate 不会识别"时间轴"上遮罩的不同的 Alpha 值，所以对于遮罩图层，半透明填充和不透明填充的效果是一样的，而边界将总是保持实心。然而，使用 ActionScript 可以动态地创建允许透明度改变的遮罩。

 注意：遮罩不会识别笔触，所以在遮罩层中只需使用填充。从"文本工具"中创建的文本也可以作为遮罩使用。

1. 返回到主"时间轴"。解锁 text 图层。双击 text 图层名称前面的图标，或选中 text 图层并选择"修改">"时间轴">"图层属性"。

将出现"图层属性"对话框。

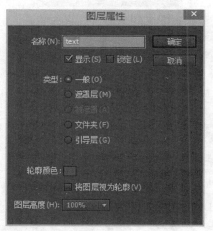

2. 选择"遮罩层"，单击"确定"。

text 图层将变为"遮罩"图层，用图层前面的遮罩图标表示，这个图层的任何内容都会被当做下方"被遮罩"图层的遮罩。

在这一课中，使用已有的文本作为遮罩，然而遮罩可以是任意的填充形状。填充的颜色无关紧要，对于 Animate 来说，重要的是形状的大小、位置和轮廓。这个形状相当于看向下面图层的"窥视孔"，可以使用任意图像或文本来创建遮罩的填充。

6.12.2　创建被遮罩图层

被遮罩图层总是在遮罩图层的下面。

1. 单击新建图层按钮，或选择"插入">"时间轴">"图层"。

将出现一个新的图层。

2. 把图层重命名为"fiery effect"。

3. 将 fiery effect 图层拖曳至遮罩图层的下面，它将被缩进。

> **An** | **注意**：可以双击遮罩图层下面的正常图层或选择"修改">"时间轴">"图层属性"，并选择"被遮罩"来将图层修改为"被遮罩"图层。

4. 选择"文件">"导入">"导入到舞台"，并在 06Start 文件夹中选择 fire.jpg 文件。

火焰位图出现在"舞台"上，文字在图像的上面。

6.12.3 查看"遮罩"效果

要查看"遮罩"图层置于"被遮罩"图层上的效果，要锁定这两个图层。

1. 单击 text 图层和 fiery effect 图层的"锁定"选项。

现在"遮罩"和"被遮罩"图层都被锁定了。"遮罩"图层的字母形状显示了"被遮罩"图层的部分图像。

2. 选取"控制">"测试"。

当火焰在文本上方闪烁时，字母显示了其下方图层的火焰纹理。

An | **注意**：一个"遮罩"图层可以有多个"被遮罩"图层。

传统遮罩

"遮罩"图层显示而不是遮盖住"被遮罩"的图层，这或许会违反直觉，然而，这正是传统摄影或绘画作品中所使用的传统遮罩方式。当一个画家使用遮罩时，遮罩保护了下方的绘画，避免其被油漆飞溅。所以想象一个遮罩为保护下方"被遮罩"图层的物体可以更有效地记住哪些区域被隐藏，哪些区域被显示了。

6.13 制作遮罩和被遮罩图层的动画

创建了火焰在后面的遮罩图层之后，所制作的动画商标字母更具有观赏性了。然而，这个项目的客户现在要求另外制作一个动画效果。

可以在"遮罩"或"被遮罩"图层添加动画。可以在"遮罩"图层添加动画，使遮罩移动或扩张来显示"被遮罩"图层的不同部分。可以选择在"被遮罩"图层制作动画，使遮罩下面的内容移动，达到景色在火车车窗外掠过的效果。

为"被遮罩"图层添加补间为了使商标更引人入胜，需要给"被遮罩"图层添加一个补间形状。这个补间形状将使光线在字母下面从左到右平滑移动。

1. 将 text 文字图层和 fiery effect 图层解锁。

"遮罩"和"被遮罩"图层的效果不再可见，但是它们的内容依然可以编辑。

2. 在 fiery effect 图层，删除火焰的图片。

3. 选择"矩形"工具，打开"颜色"面板（"窗口">"颜色"）。

4. 在"颜色"面板中，选择线性渐变填充。

5. 创建一种渐变色（左端和右端都为红色 #FF0000，中间为黄色 #FFFC00）。

6. 在 fiery effect 图层创建一个矩形，使其处于 text 图层的文字上面。

7. 选择"渐变变形"工具，并单击矩形的填充。"渐变变形"工具的控制句柄出现在矩形周围。

8. 移动渐变的中心点，让黄色出现在"舞台"左边很远的位置。

黄色的光将会从左边开始移动到右边。

9. 用鼠标右键单击或按住 Ctrl 键单击 fiery effect 图层的第 20 帧并选择"插入关键帧"。也可以选择"插入" > "时间轴" > "关键帧"（F6 键）。

Animate 将在第 20 帧插入一个新关键帧，并将前一个关键帧的内容复制到后一个关键帧中。

10. 用鼠标右键单击或按住 Ctrl 键单击 fiery effect 图层的最后一帧（第 40 帧）并选择"插入关键帧"。选择"插入" > "时间轴" > "关键帧"（F6 键）。

Animate 将在第 40 帧插入一个新关键帧，并将前一个关键帧的内容复制到后一个关键帧中。现在 fiery effect 图层已经有 3 个关键帧了。

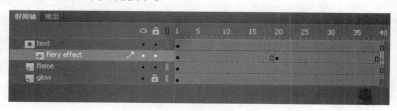

11. 将播放头移到最后一帧（第 40 帧）。

12. 单击"舞台"上的矩形并选择"渐变变形"工具。"渐变变形"工具的控制句柄将会出现在矩形填充的周围。

13. 移动渐变的中心点，让黄色出现在"舞台"右边很远的位置。

14. 用鼠标右键单击或按住 Ctrl 键单击"时间轴"上 fiery effect 图层中第二个和第 3 个关键帧之间的任意位置并选择"创建补间形状"，或从顶部菜单中选择"插入">"补间形状"。

Animate 将在两个关键帧之间应用补间形状，用黑色箭头表示。颜色渐变也被补间了，所以黄色光线在矩形填充中将会从左移到右。

15. 选择"控制">"测试"，来观看影片。

当火焰在字母上方燃烧时，柔和的黄色光线照过字母。

6.14 缓动补间形状

在上一课中已经使用过缓动。对补间形状使用缓动就像对补间动画运用缓动一样简单，通过给动作加速或减速，缓动能够给动画画面带来质量感。

可以通过"属性"检查器给补间形状增加缓动。缓动值范围是 -100（缓入）～ 100（缓出）。缓入效果使动作一开始比较慢，而缓出效果会使动作在要结束时比较慢。

增加缓入接下来将使照过字母的光线一开始比较慢，然后加速通过。缓入效果有助于让观众注意到要发生的动画效果。

1. 单击 fiery effect 图层补间形状的任意位置。

2. 在"属性"检查器中，为缓动值输入为"100"。

Animate 将给补间形状添加缓入效果。

3. 选择"控制" > "测试"来测试影片。

An | 注意：可以给补间形状添加缓入或缓出效果，但不能同时添加两种效果。

柔和的黄色光线将从左边开始照射，越来越快，为整个动画增加了更多复杂的效果。

复习题

1. 什么是补间形状，怎样使用补间形状?

2. 什么是形状提示，怎样使用它们?

3. 绘图纸标记的颜色编码是什么意思?

4. 补间形状和补间动画有什么区别?

5. 什么是遮罩，怎样创建遮罩?

6. 怎样观察遮罩效果?

复习题答案

1. 补间形状在包含不同形状的关键帧之间创建平滑的变形。要应用补间形状，首先在起始和结束关键帧中创建不同的形状。然后选择"时间轴"中两个关键帧之间的任意一点，用鼠标右键单击或按住 Ctrl 键并单击，选择"创建补间形状"。

2. 形状提示是指示初始形状和最终形状之间对应点映射的标签。形状提示可以帮助改善形状变形的方式。要使用形状提示，首先选择补间形状的起始关键帧，选择"修改" > "形状" > "添加形状提示"，将第一个形状提示移到形状的边缘，然后将播放头移到结束关键帧，并将对应的形状提示移到相应的形状边缘。

3. 默认情况下，Animate 显示前面帧中的绘图纸为蓝色，而后面帧中的绘图纸为绿色。当前所选帧的绘图纸为红色。还可以在"首选参数"面板中自定义颜色。

4. 补间形状使用形状，而补间动画使用元件实例。补间形状为两个关键帧之间笔触或填充的改变进行平滑的插值。而补间动画为两个关键帧中元件实例的位置、缩放、旋转、颜色效果或滤镜效果进行平滑的插值。

5. 遮罩是选择性地显示或不显示图层内容的一种方法。在 Animate 中，将遮罩放在"遮罩"图层，而将内容放在其下方的"被遮罩"图层。在这两个图层内都可以制作动画。

6. 要看到"遮罩"图层和"被遮罩"图层的效果，需要锁定这两个图层，或选择"控制" > "测试"来测试影片。

第7课 自然和人物动画

7.1 课程概述

在本课中，您将了解如何执行以下操作：

- 使用骨骼工具构建影片剪辑的骨架
- 使用骨骼工具构建形状的骨架
- 使用逆运动学使骨架产生自然的运动
- 约束和固定联接
- 编辑骨骼和联接的位置
- 使用绑定工具修改形状变形
- 使用弹簧功能模拟物理现象
- 调整速度设置，为骨架增加重量感

学习该课程需要大约两个半小时。

您可以轻松地创建复杂和自然的联
接运动——联接是对象之间和形状内的
连接——通过使用骨骼工具创建称为逆
运动学的动画。

7.2　入门

您将通过查看猴子的动画来开始本课程。您将在学习如何在 Adobe Animate CC 创建自然运动动画的过程中创建它。

1. 双击 Lesson07/07End 文件夹中的 07End.html 文件以播放动画。

该动画展示了一个卡通猴子在一个循环的背景中走动的运动。它的胳膊和腿自然地摇摆，它的尾巴自然平滑地卷曲和展开。在本课中，您将建立一个控制猴子和其肢体的骨架（skeleton），然后对它的循环走动进行动画处理。

2. 双击 Lesson07/07Start 文件夹中的 07Start.fla 文件，以在 Animate 中打开初始项目文件。

3. 选择"文件">"另存为"。将文件命名为 07_workingcopy.fla，并将其保存在 07Start 文件夹中。保存工作副本可确保如果要重新开始，原始启动文件将可用。

7.3　逆运动学中的自然运动和人物动画

当您想创建一个有联接的对象（有多个连接点的对象），例如一个行走的人，或者在本例子中，一个行走的猴子的自然运动动画时，Animate CC 使用逆运动学可以很容易实现。逆运动学是计算接合对象的不同角度以实现特定配置的数学方式。您可以在开始关键帧中构造对象，然后在以后的关键帧中设置不同的姿势。Animate 将使用逆运动学来计算出所有联接的不同角度，以从第一个姿势平滑地到达下一个。

逆运动学使得动画变得容易，因为您不必担心需要动画化对象的每个部分或角色的肢体。您只需专注于整体的姿势，Animate 会解决其余的。

7.4　构建第一个骨架来让角色运动起来

当对一个有联接的对象（具有肢体和联接的角色）创建动画时，首先确定角色的哪些部位需要移动。同时，检查这些部位如何连接在一起并移动。这几乎总是一种类似的层次结构，就像一棵树，从根部开始，向各个方向产生分支。这种结构称为骨架，并且像真实的骨架一样，组成骨架的每个刚性部件称为骨骼。骨架定义了您的对象可以弯曲的位置以及不同骨骼的连接方式。

您可以使用骨骼工具（  ）创建您的骨架。 骨骼工具告诉 Animate 如何连接一系列影片剪辑实例，或者在形状内提供联合结构。两个或多根骨骼之间的连接称为联接。

1. 在 07working_copy.fla 文件中，打开"库"面板，并查看已为您创建和导入的猴子的图形。

2. 将所有的猴子片段从库面板拖动到舞台上，并对脚、手、腿、小腿、手臂 1 和手臂 2 分别拖动两个实例。排列它们，使它们大致排列在您需要形成整个身体（包括头、身体、骨盆、两个胳膊和两条腿）的位置上。对于后臂，使用自由变换工具将所有 3 个部件（手臂 1、手臂 2 和手）旋转 180 度。

在部件之间保留一些空间将使连接骨骼变得更容易。不要担心做出来的东西看起来不够正确，

因为您会在以后的步骤中移动他们并进行调整。

3. 选择骨骼工具。

4. 单击猴子胸部的中部，用骨骼工具拖动到左上臂的顶部。释放鼠标按钮。

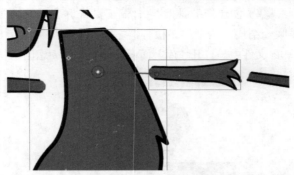

第一根骨骼已定义好了。 Animate 将骨骼显示为直线，在其基部联接处有一个矩形而在其顶端联接处有一个圆形。每一根骨骼都从一个联接到下一个联接进行定义。

以下显示了骨骼及其彼此之间的关系，而没有完全呈现影片剪辑（将所有图层显示为轮廓已启用）。

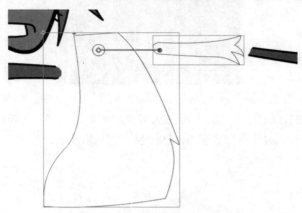

5. 现在单击第一根骨骼的末端（在猴子的肩膀），并将它拖到猴子的下臂（肘部）的顶部。释放鼠标按钮。

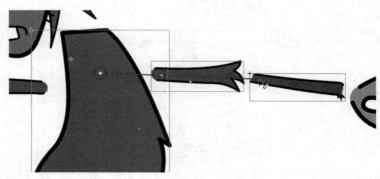

您的第二根骨骼已定义。

6. 单击第二根骨骼的末端并将其拖动到猴子手部的基部。释放鼠标按钮。

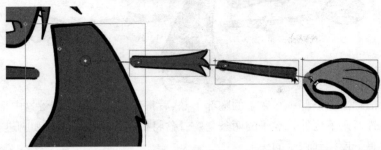

第三根骨骼已定义。请注意，现在与骨骼连接的 4 个影片剪辑实例已移动到具有新图标和默认名称骨架 _ # 的新图层。这种特殊类型的图层使您的骨架与时间轴上的其他对象分离，例如图形或补间动画。

7. 选取"选择"工具，并尝试抓住链条中的最后一根骨骼（猴子的手），并将其在舞台中上下移动。

因为骨骼连接整个手臂，所以移动手使得前臂和上臂也一起移动。

在原始文件创建第一个骨架图层将被命名为"骨架 _1"，而每次您添加一个新的骨架图层都会自动将其名称以 1 递增。如果您骨架图层的名称与这里的截图图层名称不一样，不要担心。

7.4.1 延伸骨架

您将继续通过连接猴子的另一只手臂，头部和骨盆和腿来建立它的骨架。

1. 单击第一根骨骼的根部（在猴子的胸部），然后将骨骼工具拖动到另一只上臂的顶部。第一根骨骼被认为是"根骨骼"。释放鼠标按钮。

2. 继续创建更多到另一只手根部的骨骼。

您的骨架现在向两个方向延伸：一个是向猴子的左臂；一个是向它的右臂。

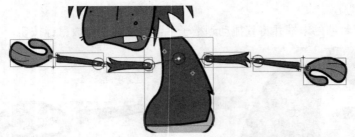

3. 单击第一根骨骼的根部（在猴子的胸部），然后将骨骼工具拖动到骨盆中部。

4. 将骨架从骨盆向下延伸到猴子的两条腿。骨盆将把左右大腿、小腿和脚进行分支。

5. 最后，将躯干连接到猴子的头上。

骨架现在连接了猴子的所有组成部分，并定义了每个部件相对于骨架中的其他部分如何旋转和移动。

骨架层次

骨架的第一根骨骼是根骨骼和与其相连的子骨骼的父骨骼。一根骨骼可以有多个子骨骼附在它上面，并形成一个非常复杂的关系。在猴子的例子中，胸部的骨骼是父骨骼，上臂的每根骨骼是子骨骼，手臂是彼此的兄弟姐妹。随着骨架变得更复杂，您可以使用"属性"面板对使用这些关系的层次结构上下导航。

在骨架中选择骨骼时，"属性"面板的顶部会显示一系列箭头。

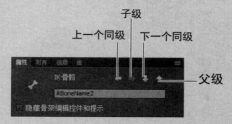

您可以单击箭头以在层次结构中移动，并快速选择和查看每根骨骼的属性。如果选择了父骨骼，您可以单击向下箭头以选择子骨骼。如果选择了子骨骼，您可以单击向上箭头以选择其父骨骼，或单击向下箭头以选择其自身的子骨骼（如果有）。左右箭头则在兄弟骨骼之间导航。

7.4.2　移动骨架上的骨骼

现在您已将每根骨骼的电影剪辑连接在一个完整的骨架中，您可以编辑每根骨骼的相对位置。您最初放置他们时，骨骼之间留有缝隙，以便使连接更容易。按住 Alt/Option 键可以移动骨架中任何骨骼的位置。

1. 选取"选择"工具。

2. 按住 Alt/Option 键，将猴子的左上臂移近身体。您还可以使用自由变换工具。

上臂重新定位，但骨架保持完好。

3. 按住 Alt/Option 键，移动猴子身体的所有部分使它们靠近在一起，以消除联接中的缝隙。猴子及其骨架应类似于下图。

删除和添加骨骼和影片剪辑

要删除骨骼，只需选取"选择"工具，然后单击骨骼将其选中，然后按Backspace/Delete。骨骼及其所有子项将被删除，但影片剪辑将保留。

要删除影片剪辑，请在舞台上选择它，然后按Backspace/Delete。这将删除影片剪辑及其关联的骨骼。

如果要向骨架添加更多影片剪辑，请将新影片剪辑实例拖动到的舞台上其他图层中。您不能向骨架层添加新对象。在舞台上，您可以使用骨骼工具将添加的实例与现有骨架的骨骼进行连接。新实例将移动到与骨架相同的图层。

7.4.3 修改联接的位置

如果要更改一根骨骼连接到另一根骨骼的点——联接——使用自由变换工具来移动其变形点。这也将移动骨骼的旋转点。

1. 举个例子，如果您犯了一个错误，将骨骼的终点连接到猴子手的中间，而不是在基部，它的手会不自然地旋转。

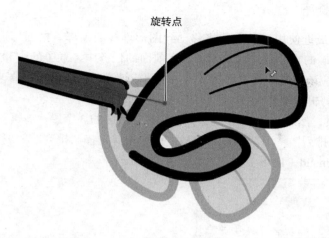

旋转点

2. 要修改联接的位置，请选择自由变换工具，然后单击手以将其选中。将变换点移动到手的底部。

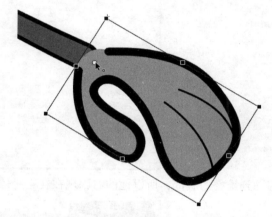

3. 骨骼现在连接到影片剪辑的新变换点，因此，手将围绕手腕旋转。

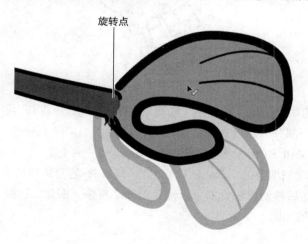

旋转点

7.4.4　重新布置堆叠顺序

当您建立一个骨架，最近使用过的骨骼将移动到图形堆栈的顶部。根据您连接骨骼的顺序，各个影片剪辑可能被不正确的重叠在一起。例如，在前面的任务中，猴子的脚和腿可能会以没有意义的方式重叠。一条腿应该在它的骨盆后面，另一条腿应该在前面。使用"修改">"排列"命令来更改您的骨架中影片剪辑的堆叠顺序，使它们正确地彼此重叠。

1. 选择"选择"工具，然后按住 Shift 键选择构成猴子后腿的 3 个影片剪辑。

2. 选择"修改">"排列">"移至底层"，或右键单击并选择"排列">"移至底层"（Shift + Ctrl + 向下 / Shift + Command + 向下）。

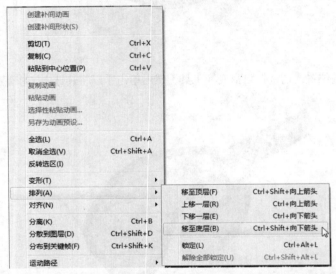

骨架中被选择的骨骼被移动到堆叠的底部，所以他的右腿现在在它身体的所有其他部分之后。

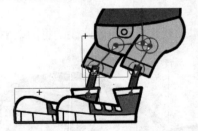

3. 选择构成猴子右臂的 3 个剪辑，并使用"修改">"排列"命令将其右臂移动到身体后面。

4. 选择猴子左臂的 3 个部分，然后选择"修改">"排列">"置于前面"，或右键单击并选择"排列">"置于顶部"（Shift + Ctrl + 向上 / Shift + Command + 向上）。

骨架中被选择的骨骼移动到堆叠的顶部，所以它的左臂现在在它身体的所有其他部分之上。

5. 您可能需要向前或向后移动单根骨骼，以使其正确地重叠。例如，在猴子的腿中，它的裤子和它的鞋子应该重叠住它的小腿。

6. 选取"选择"工具并移动骨架，看看猴子的左右手臂和腿如何在它的身体后面或前面移动，并根据需要进行修正。

7.5 创建行走周期

行走周期是显示一个人物行走的一个基本的循环动画。一个好的行走周期动画，不仅摆动的胳膊和腿要协调，身体和头部也需产生提供重量感的微妙的浮动。行走周期可以是非常复杂的（欺骗性的），但可以为一个角色赋予很多个性。

骨架有助于更容易地创建一个行走周期，因为您可以移动角色的四肢以在行走周期中定义关键姿势。尝试将姿势视为动画的关键帧。在下一个任务中，您将创建一个用4个姿势定义的简单行走周期。

7.5.1 摆动骨架

您在第1帧有一个猴子的初始姿势。您将插入3个额外的姿势为猴子创建一个基本的行走周期。第5个姿势将是第一个姿势的重复，因此当动画循环时，循环将是无缝的。4个基本姿势可以总结如下图：

WALK CYCLE

在第一个姿势中，前景腿是向前的，背景腿是向后的。在第二姿势中，腿彼此相交。在第 3 姿态中，背景腿向前，前景腿回来。在第四姿势中，腿再次彼此通过。手臂在与腿相反的方向上摆动。

1. 使用选择工具，拖动猴子的左脚并将其移动到它的后面。尽量保持它的脚在地面上，这将令它看起来像他在踩地面，而不是在空中骑自行车。

当您拖动它的脚时，连接到它的骨骼也将移动。您可能还要拖它的大腿或他的小腿，以得到骨架的位置刚好。如果您在控制骨架上有困难，不要担心！它需要练习，在以下部分中，您将学习更多的提示和技巧来约束或隔离某些联接，以进行精确定位。

2. 移动猴子的右脚，使其向前走。

3. 将猴子的左臂向前移动，将右臂移动到它的后面。

第一个姿势在骨架图层的第 1 帧中完成。

7.5.2 隔离单根骨骼的旋转

当您拉和推动骨架来创建姿势时，您可能会发现因为骨骼之间的联接导致很难控制单根骨骼的旋转。在移动单根骨骼时按住 Shift 键将其隔离旋转。

1. 选择猴子的左手。

2. 使用"选择"工具，拖动手。

整个手臂移动以跟随手的运动。

3. 现在，按住 Shift 键，拖动猴子的手。

手围绕手腕旋转，但手臂的其余部分不移动。Shift 键用于隔离所选骨骼的旋转。

按住 Shift 键有助于隔离单根骨骼的旋转，这样您就可以完全按照您想要的姿势进行摆放。回到猴子的腿和手臂，使用 Shift 键进行必要的调整。

7.5.3 固定单根骨骼

您可以更精确地控制您的骨骼的旋转或位置的另一种方法是将各根骨骼固定在适当的位置，让子骨骼以不同的姿势自由移动。您可以使用"属性"面板中的"固定"选项执行此操作。

1. 选取"选择"工具。

2. 选择猴子右大腿的骨骼。

骨骼变为突出显示，表示已选中。

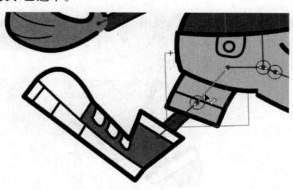

3. 在"属性"面板中，选择"固定"选项。

连接到子骨骼的尾部或末端，现在被固定到舞台的当前位置。带有黑点的白色圆圈出现在联接上，表示其已固定。

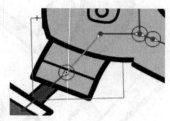

4. 拖动猴子腿中的最后一根骨骼（脚）。

只有最后的两根骨骼移动。注意一下当使用"固定"选项和使用 Shift 键时，骨架的运动有什么不一样。 Shift 键可隔离单根骨骼和连接到其上的所有其余骨骼。而当您固定骨骼时，固定的骨骼保持固定，但您可以自由移动所有的子骨骼。

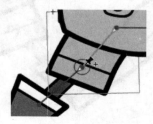

提示：您也可以选择一根骨骼，并在光标变为图钉图标时单击它的尾部。所选骨骼将被固定。再次单击以取消固定骨骼。

7.6 禁用和约束联接

在插入其余姿势之前，您可以对骨架进行细化调整，这将使定位猴子的四肢更容易。猴子的各种联接可以自由旋转，这与实际情况并不十分一致，特别是它的骨盆。在现实生活中许多骨架结构被约束到某些旋转角度。例如，您的前臂可以朝向您的二头肌向上旋转，但它不能在另一个方向上旋转超过二头肌。您的臀部可以摆动躯干，但程度有限。这些是您也可以应用于您所设计的骨架上的约束。当在 Animate CC 中使用骨架时，您可以选择约束各种联接的旋转，或者甚至约束各种联接的平移（运动）。

7.6.1 禁止联接的旋转

如果您拖动猴子的骨盆，您会看到连接躯干与骨盆的骨骼可以自由旋转，这将导致出现非常不现实的骨骼位置。

1. 选择连接猴子躯干和他的骨盆的骨骼。

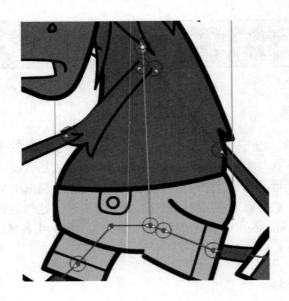

该骨骼被突出显示。

2. 在"属性"面板中，取消选择"联接：旋转"部分中的"启用"选项。

所选骨骼处的联接周围的圆消失，这意味着联接不再能够旋转。

3. 现在拖动骨盆。

骨盆不再能够围绕躯干中的联接旋转。

7.6.2　限制旋转范围

还有一些要对猴子的骨盆进行的工作。虽然它不能围绕猴子躯干中的联接自由旋转，但它仍然可以围绕子联接 360 度旋转。您可以限制该旋转范围。

1. 单击选择连接猴子骨盆与其中一条腿的骨骼。

骨骼变为高亮显示。

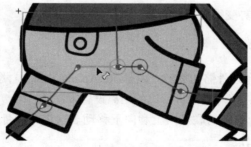

2. 在"属性"面板中，选择"联接：旋转"部分中的约束选项。

联接上的角度指示器从完整圆形变为部分圆形，显示了骨骼的最小和最大允许角度和当前位置。

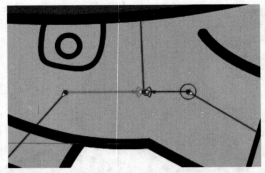

3. 在"属性"面板中，将左偏移旋转角度设置为 -6 度，将右偏移旋转角度设置为 6 度。

4. 拖动骨盆。

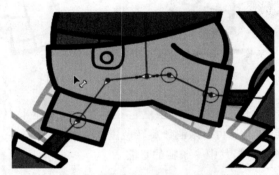

您可以移动骨盆，但它的旋转被限制在顺时针几度，逆时针几度，防止骨骼出现不现实的位置上，并使得控制和定位姿势变得更加容易。

7.6.3 限制联接的平移

在现实生活中，联接只允许骨骼的旋转。但是，在 Animate CC 中，您可以允许联接实际在 x（水平）或 y（垂直）方向滑动，并对联接可行进的距离设置限制。

在本例中，您将允许骨盆中的联接向上和向下移动。这将允许骨架一定程度的运动空间，因此您可以创建轻微的摇动动作。

1. 如果尚未选择，请单击选中上一个任务中您限制旋转的相同骨骼。
2. 在"属性"面板中，选择"联接：Y 平移"部分中的"启用"。

联接上出现箭头，表明该联接可以在上下方向上行进。

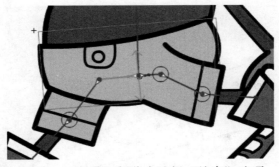

3. 在"属性"面板的"联接：Y 平移"部分中选择"约束"选项。联接上的箭头变成 T 形（直线），表明平移受限。

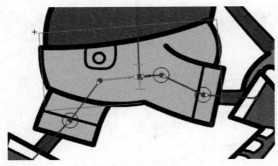

4. 将顶部偏移设置为 -6，底部偏移设置为 6。

联接上的条变短以指示骨盆可以在 y 方向上进行多少平移。

5. 抓住猴子的骨盆，并尝试移动它。

通过对联接的旋转和平移作出限制，以对姿势加以限制，可以帮助您创建更逼真的动画。骨盆现在可以轻微地上下移动以及以有限的方式来回摇摆。

在舞台上对联接运动限制进行控制

　　您可以通过使用显示在联接上的舞台控件对联接旋转或平移约束进行快速调整，而不是在"属性"面板中进行这些调整。通过使用舞台控件，您可以查看在舞台上其他骨骼和图形的约束。

　　选择一根骨骼，并将鼠标指针移动到骨骼的关节上。一个带有4个箭头的圆圈将出现并以蓝色突出显示。单击它以访问舞台控件。

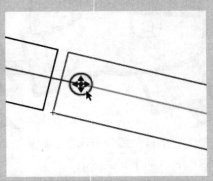

　　要更改对旋转的约束，请将鼠标移动到圆形的外边缘，圆形将突出显示为红色，单击它。

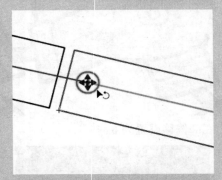

　　单击圆形内部以定义联接旋转的最小和最大角度。阴影区域是允许旋转的范围。您也可以拖动以更改圆内的角度。单击圆形外部以确认您的调整。

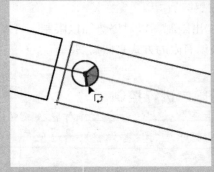

　　如果要禁用该联接处的旋转，请单击滚动圆的中心时出现的锁定图标。

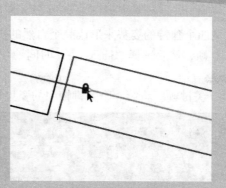

要更改对平移的限制（向上和向下移动或左右移动），请将鼠标移动到圆圈内的箭头上方，该箭头将以红色突出显示。

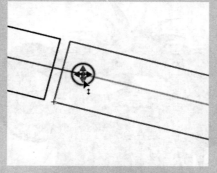

单击水平或垂直箭头，然后拖动偏移以约束联接在任一方向的平移。

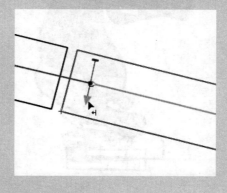

7.7 添加姿势

骨架现在准备好了。您已经连接好骨骼，并做出了适当的约束，使其更容易摆姿势。在时间轴中插入姿势的方式，就您像插入动画补间的关键帧一样。

插入姿势

回想一下，您的目标是定义四个独特的姿势来形成一个自然的步行周期。

1. 在时间轴上，选择第 10 帧，然后选择 "插入" > "时间轴" > "关键帧"，右键单击并选择 "插入姿势"。

在第 10 帧处插入新的姿势 / 关键帧。将第一个关键帧中的姿势复制并粘贴到第二个关键帧中。

2. 移动猴子的手臂和腿，使它们相互通过。向前移动的腿应该使他的膝盖抬起，脚离地。

> **An** | **注意**：处理骨架图层时，"姿势" 和 "关键帧" 本质上是相同的。

3. 在时间轴上，选择第 20 帧并插入第 3 个关键帧。

4. 移动猴子骨架的手臂和腿，使左腿和右臂向前，右腿和左臂向后，与第 1 帧中的姿势相反。

5. 在第 30 帧中添加第四个关键帧 / 姿势，使腿和手臂相互通过。

6. 选择第 40 帧并插入其他帧以延长时间轴。

7. 按住 Alt/Option 键，将第一个关键帧（第 1 帧）拖动到第 40 帧。

第 1 帧中包含姿势的关键帧被复制到第 40 帧中。现在，第一和最后的关键帧是相同的，动画可以无缝地循环。

第一个和最后一个关键帧是相同的

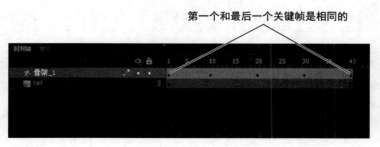

8. 前 4 个关键帧应该看起来类似于下图，但您可以自由地试验来给猴子创造自己的个性！让它的脚，手臂和身体协调可能需要做很多微小的调整和改进。

9. 在时间轴底部选择循环播放（Shift + Alt + L/Shift + Option + L），并扩展标记以覆盖从第 1 帧到第 40 帧的整个动画片段。

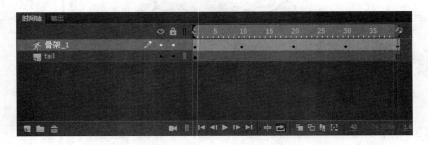

10. 单击时间轴（回车 / 回车键）底部的播放按钮查看动画循环。

动画不会是完美的，但您可以看到，一旦骨架完成，创造不同的姿势和自然、复杂的运动是多么的容易和充满乐趣。

 提示：您可以像补间动画的关键帧一样，在时间轴上编辑姿势。右键单击时间轴并选择"插入姿势"来插入新的姿势。右键单击任意姿势并选择"清除姿势"以从图层中删除姿势。按住 Ctrl+ 单击 / Command + 单击一个姿势以将其选中。拖动姿势将其移动到沿时间轴的不同位置。

提示：为步行周期添加更多细微调整，以创造更加接近现实的动画！在一些姿势中稍微倾斜猴子的头，看看一个小小的头部晃动是如何使他的步行显得更自然。

提示：您可以通过在时间轴上选择动画并在"属性"面板中选择"缓动类型和强度"，为逆运动学动画添加缓动。缓动可以通过慢慢开始（缓入）或慢慢结束（淡出）来改变动画。

更改联接速度

联接速度是指联接的粘性或刚度。具有低联接速度值的联接将会缓慢。具有高联接速度值的联接将更具响应性。您可以在"属性"面板中为任何所选联接设置联接速度值。

当拖动骨架的最后端时，联接速度是明显的。如果在骨架链上较高位置上有较慢的联接，那些联接的响应度将较低，并且比其它联接的旋转程度更小。

要更改联接速度，请单击骨骼将其选中。在"属性"面板中，将联接速度值从0%设置为100%。

联接速度不影响实际动画；它只会影响骨架如何响应您在舞台上的姿势，使其更容易移动。

7.8　形状的逆运动学

猴子是用各种电影剪辑元件制成的骨架。您还可以使用形状创建骨架，这对于显示没有明显联接和分段但仍具有联接运动的对象很有用。例如，章鱼的手臂没有实际的联接，但您可以为平滑的触角添加骨骼，以制作波动运动的动画。您还可以制作其他有机对象的动画，如蛇，挥舞的旗帜，在风中弯曲的草叶，或在下一个任务我们将制作的，猴子的尾巴。

7.8.1　在形状内定义骨骼

您将创建一个尾巴，添加一系列的骨骼，制作尾巴卷曲和展开的动画，并添加到猴子的步行周期中。

1. 选择"插入">"新建元件"（Ctrl + F8/ Command + F8）。在"创建新元件"对话框中，为元件选择"影片剪辑"，然后为元件名称输入 monkey_tail。

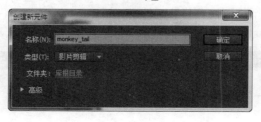

2. 单击"确定"。

Animate 创建一个新的元件，并使您进入该元件的元件编辑模式。

3. 选择矩形工具。

4. 选择浅棕色填充颜色（#8B4B0E）和 2 点黑色笔触，然后创建一个大约 350 像素宽和 20 像素高的矩形。

5. 选择"选择"工具，并重新绘制矩形的右端，为猴子的尾部创建一个平滑的圆形。

6. 选择骨骼工具。

7. 从左边开始，在矩形形状内部单击，然后拖动尾部内的骨骼的一小部分。

Animate 创建一个矩形形状的骨架，并将其移动到自己的骨架图层。

8. 单击第一根骨骼的末端，并朝向尾巴末端向下拖动出一根骨骼。

第二根骨骼被定义。

9. 继续构建总共有六个或七根骨骼的尾骨架。

10. 当骨架完成后，使用选择工具拖动最后一根骨骼，看看尾部如何跟随骨架的骨骼变形。

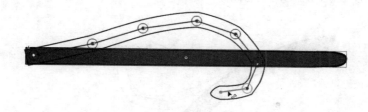

7.8.2 制作尾巴的动画

对形状中的骨架制作动画的方式遵循与使用影片剪辑制作骨架动画相同的过程。您可以使用时间轴上的关键帧为您的骨架建立不同的姿势。

1. 在时间轴上的 monkey_tail 影片剪辑元件中选择第 60 帧，然后选择"插入">"时间轴">"帧"（F5）。

Animate 在时间轴上将帧添加到第 60 帧。

2. 在第一帧中，移动猴尾骨，使尾巴的尖端平放在地面上。

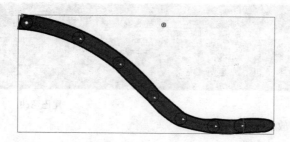

3. 选择第 20 帧。

4. 选择"插入">"时间轴">"关键帧"（F6）。

Animate 在第 20 帧处插入具有与第 1 帧相同姿势的新关键帧。

5. 选择第 30 帧。

6. 移动骨架，使猴子的尾巴向上卷曲。

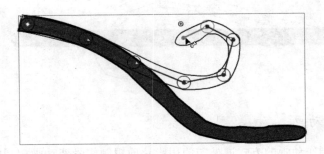

Animate 会自动在第 30 帧插入使用新姿势的关键帧。猴子的尾部从第 1 至 20 帧保持平坦。在第 20 帧之后，尾部将开始卷曲，直到其达到第 30 帧处的姿势。

7. 选择第 50 帧并插入新的关键帧（F6）。

8. 单击选择第 1 帧中的关键帧。按住 Alt/Option 键，然后将第 1 帧中的关键帧拖动到第 60 帧。

Animate 将第一个关键帧复制到第 60 帧。您的时间轴现在应该有 5 个关键帧。第一、第二和第 5 关键帧尾部应该是平坦的。第 3 和第 4 关键帧应使尾部卷曲。

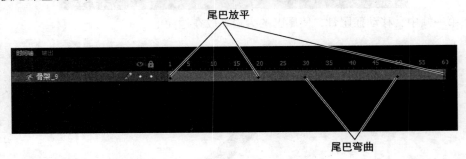

9. 将动画作为循环播放。

猴子的尾巴在这 60 帧中反复卷曲和展开。

7.8.3　将尾巴和步行周期整合

由于尾部动画比猴子的步行周期（40 帧）长，当您进行动画整合时，动作不会同步，从何产生一个不规则和更有机的循环。

1. 返回主舞台。

2. 将空图层重命名为 tail，并确保它在"骨架"图层下面。在 tail 图层中添加足够的帧以匹配步行周期（40 帧）。

3. 将 monkey_tail 影片剪辑元件的实例从库中拖动到舞台，将尾部的根部放在猴子身体的后面。

4. 测试动画（"控制" > "测试影片" > "浏览器"）。

Animate 导出必要的文件，以便在浏览器中使用 HTML 和 JavaScript 播放动画。随着猴子连续走动，它的尾巴的电影剪辑动画不断卷曲。

7.8.4 编辑形状

您不需要任何特殊工具来编辑包含骨骼的形状。"工具"面板中的许多相同的绘图和编辑工具

（如"颜料桶""墨水瓶"和"子选择"工具）可用于编辑填充、笔触或轮廓。

1. 使用"颜料桶"工具更改骨架形状的填充颜色。

2. 使用墨水瓶工具更改骨架形状的笔触颜色或样式。

3. 选择"子选择"工具，然后单击骨架形状的轮廓。锚点和控制手柄围绕形状的轮廓出现，您可以把锚点拖动到新位置或拖动手柄以更改曲率。

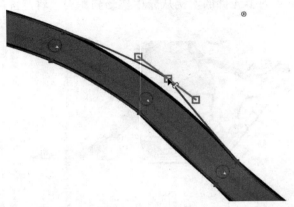

4. 选择"添加锚点"工具，然后单击骨架形状的轮廓以添加新的锚点。

5. 选择"删除锚点"工具，然后单击骨架形状的轮廓以删除锚点。

7.8.5　添加背景

您的猴子一直停留在舞台上的同一个地方，所以要使错觉完整，需要添加一个滚动背景，使他看起来像真的在散步。

1. 在主时间轴上插入一个新图层，并将其命名为 background。

 注意：通过骨架对形状的有机控制是沿着形状和其骨骼的锚点之间的映射的结果。您可以编辑骨骼及其控制点之间的连接，并使用"绑定"工具精化行为。绑定工具分组在骨骼工具下。有关如何使用此高级工具的更多信息，请参阅 Animate 帮助文档。

2. 将新背景图层移动到其他图层的底部。

3. 库中已提供滚动背景的影片剪辑。影片剪辑的名字为 background，它通过使用线段的补间动画来模拟从左到右移动的人行道。

4. 将舞台上的 background 影片剪辑的实例拖动到底层。将实例放置在大约 x =-170 和 y =620 的位置上。

5. 选择"测试" > "影片" > "在浏览器中"。
Animate 打开浏览器并展示电影。猴子动画完成了！

7.9   利用弹性模拟物理运动

到目前为止，您已经看到了骨架如何帮助您轻松地将角色和对象在不同的关键帧中创建平滑、自然的运动。但您也可以为骨架添加一些物理特性，以便他们对如何在不同姿势之间变换。弹簧功能可以帮助您轻松做到这一点。

无论您使用影片剪辑还是形状，弹簧都会模拟任何动画骨架中的物理现象。柔性物体通常会具有一些"弹性"，这将导致其在移动时自行摆动，甚至在整个身体的运动停止之后继续抖动。弹力的大小取决于物体——例如，悬挂的绳索会有很多摇晃，但是跳水板会更加坚硬，而具有更少的摇晃。您可以根据对象设置弹簧的强度，甚至可以为骨架中的每根骨骼设置不同的弹性。例如，在树中，较大的分支将比较小的末端分支具有较小的弹性。

7.9.1   为您的骨架定义骨骼

在接下来的步骤中，您将制作一片被风吹动的叶子的动画。任何逆运动学动画的第一步是使用骨骼工具构建骨架。

1. 打开文件 07_IK_spring_start.fla。
2. 在舞台上，您会看到一个简单的叶子和它的茎的形状。

3. 选择骨骼工具。
4. 从茎的基部开始单击的叶子内部，并将第一根骨骼向左拖到叶的基部。

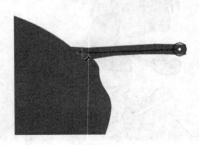

这样就定义了第一根骨骼。当前图层的内容被分离到新的骨架图层。

5. 单击第一根骨骼的末端，并将下一根骨骼向下拖动一点。

6. 继续创建更多的骨骼以将骨架延伸到叶片的尖端。您完成的骨架应该有 4 个骨头。

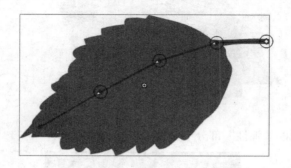

7.9.2 设置每个骨的弹性强度

接下来，您将为每根骨骼设置弹性的强度值。强度值可以从 0（无弹性）到 100（最大弹性）。

1. 选择骨架的最后一个骨（在叶的尖端）。

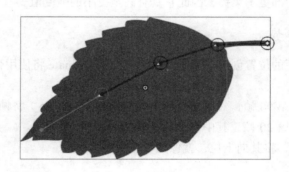

2. 在"属性"面板的"弹性"部分，为强度输入"100"。

最后的骨骼具有最大的弹性强度，因为尖端是整个骨架的最灵活的部分并且将具有最独立的运动。

3. 选择骨架中的下一根骨骼。您可以在舞台上单击它，或者您可以使用"属性"面板中的箭头向上导航到骨架层次结构。

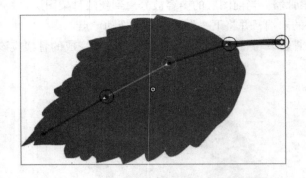

4. 在"属性"面板的"弹性"部分中，为"强度"输入 80。

叶片的中部比尖端柔韧一点，因此它具有较小的强度值。

5. 选择下一个相邻的骨骼，并在"属性"面板的"弹性"部分中为"强度"输入"60"。

叶片的基部甚至比中部更不柔韧，因此它具有甚至更小的强度值。

7.9.3 插入下一个姿势

接下来，您将在向下的位置创建一个新的叶子姿势，Animate 将使用弹性值添加扭动、颤动和其他内部运动。

1. 在时间轴上选择第 90 帧，然后选择插入 > 时间轴 > 帧（F5）将帧添加到时间轴。

2. 选择骨架图层的第 20 帧，其中包含叶子。

3. 抓住叶尖的骨骼，将其向下拉，就像风吹在叶子上一样。

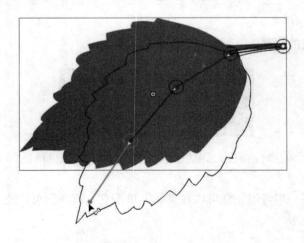

在第 20 帧中创建新的姿势。

4. 将播放头返回第一帧并播放动画（Enter/Return 键）。

叶片从第一个姿势向下移动到第二个姿势，甚至经过第二个关键帧，叶片继续弯曲并轻微摇摆。叶片骨架的来回旋转，加上对骨骼的弹性设置，模拟了对现实中叶子茎内的物理力的反应，并使动画更逼真。弹性和阻尼（您将会在下一部中了解）的特性使得在 Animate 中创建复杂的自然运动更加容易。

7.9.4 添加阻尼效果

阻尼是指弹簧效应随时间减少的量。如果叶子的摇摆无限期地继续，这是不现实的。随着时间的推移，摇摆应该减轻，最终停止。您可以为每根骨骼设置阻尼值，从 0（无阻尼）到 100（最大阻尼），以控制这些效果减弱的速度。

1. 选择叶子的最后一根骨骼（在尖端），并在"属性"面板的"弹性"部分中，为阻尼值输入"50"。

 注意：当在骨架的最终姿态之后的时间轴上有额外的帧时，弹簧特性的效果更加明显，如本课程所示。附加帧让您可以查看最后的姿势后的残留弹跳效果。

阻尼值将随着时间的推移而减少叶片的摇摆。

2. 选择骨架中的下一根骨骼（在叶中间），并在"属性"面板中输入阻尼的最大值（100）。

3. 在骨架中（在叶的基部）选择下一根骨骼，并在"属性"面板中输入阻尼的最大值（100）。

4. 选择"控制" > "测试影片" > "在 Animate 中"中查看阻尼值对叶子运动的影响。

叶子仍然摇摆，但运动迅速消退。阻尼值有助于增加骨架的重量感。在弹性部分同时测试骨架的强度和阻尼值，以获得最逼真的运动。

复习题

1. 使用骨骼工具的两种方法是什么？
2. 定义和区分这些术语：骨骼、联接和骨架。
3. 骨架的层次结构是什么？
4. 如何约束或禁用联接的旋转？
5. 弹性特性中的强度和阻尼是什么？

复习题答案

1. 骨骼工具可以将影片剪辑实例连接在一起，形成一个由联接连接的对象，该对象可以通过逆运动学来设置姿势和制作动画。骨骼工具还可以在形状内创建骨架，它也可以通过逆运动来设置姿势和制作动画。
2. 骨骼是将各个影片剪辑连接在一起，或在形状的内部构造具有逆运动学运动结构的对象。联接是骨骼之间的链接。联接可以旋转以及平移（在 x 和 y 方向滑动）。骨架是指完整的铰接物体。骨架在时间轴上有自己区别于其他图层的特殊的骨架图层，里面可以为动画插入姿势。
3. 骨架由在层次结构中依次排序的骨骼组成。当骨骼连接到另一根骨骼时，一个是父级，另一个是子级。当父骨骼具有许多子骨骼时，每个子骨骼可以被描述为彼此的兄弟。
4. 按住 Shift 键可暂时禁用骨架的运动，并隔离单根骨骼的旋转。使用"属性"面板固定骨骼以防止其旋转，或取消选择"属性"面板的"旋转"部分中的"启用"选项以禁用特定联接的旋转。
5. 强度是骨架中任何单根骨骼的弹性量。使用弹性特性添加弹性可以模拟当整个对象移动时柔性对象的不同部分抖动的方式，并且当对象停止时继续抖动。阻尼是指弹性效应随着时间的推移而减缓的速度。

第8课 创建交互式导航

8.1 课程概述

在这一课中，将学习如何执行以下任务：

- 创建按钮元件
- 给按钮添加声音效果
- 复制元件
- 交换元件和位图
- 命名按钮实例
- 编写 ActionScript3.0，以便创建非线性导航
- 使用编译器错误面板发现代码的错误
- 使用代码片段面板快速添加交互性
- 创建并使用帧标签
- 创建动画式按钮

 学习该课程需要大约 3 个小时。

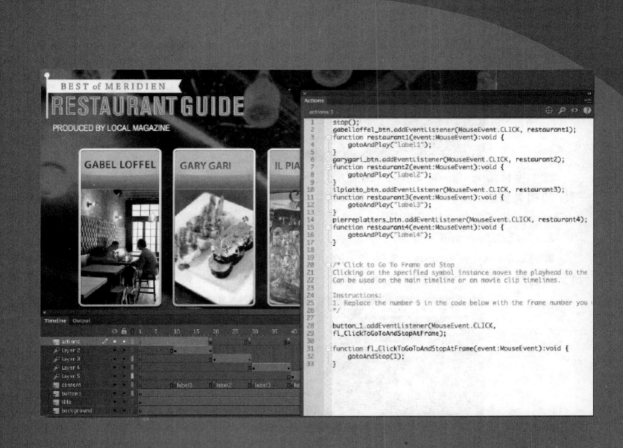

让观众浏览整个项目网站，并将其发展为积极的参与者。按钮元件和ActionScript可以协同创建出令人着迷的、用户驱动式的交互式体验。

8.2　开始

正式操作前，先来查看本课将要在 Animate 中学习制作的交互式餐厅指南。

1. 双击 Lesson08/08End 文件夹中的 08End.html 文件，以播放动画。

这个项目是一个虚拟城市的交互式餐厅指南。用户可以单击任意一个按钮来查看关于某个餐厅的相关信息。在本课中，将要创建交互式按钮，并正确地组织"时间轴"，以及学习编写 ActionScript 以了解每个按钮的作用。

2. 关闭 08End.html 文件。

3. 双击 Lesson08/08Start 文件夹中的 08Start.fla 文件，以在 Animate 中打开初始工程文件。该文件包含"库"面板中的所有资源，并且已经正确地设置了"舞台"的大小。

An	**注意**：如果电脑中不包括 FLA 文件中所有的字体，Animate 会出现警告对话框来选择替代字体；只需简单地单击使用默认设置，Animate 就会自动使用替代字体。

4. 选择菜单"文件">"另存为"。把文件名命名为 08_workingcopy.fla，并把它保存

在 08Start 文件夹中。保存工作副本，可以确保在重新设计时，可使用原始的初始文件。

8.3　关于交互式影片

交互式影片基于观众的动作而改变，比如，当浏览者单击按钮时，将会出现带有更多信息的不同图形。交互可以很简单，如单击按钮；也可以很复杂，以便接受多个输入，如鼠标的移动、键盘上的按键或是移动设备上的数据。

在 Animate 中，可使用 ActionScript 实现大多数的交互操作。ActionScript 可在用户单击按钮时，指导按钮的动作。在本课中，将会学习如何创建一个非线性的导航——这样影片就不需要从头至尾直接播放。ActionScript 可基于用户单击的按钮，通知 Animate 播放头在时间轴的不同帧之间跳转。时间轴上不同的帧包含不同的内容，浏览者并不会知道播放头在时间轴上的跳转，仅会在单击舞台上的按钮时，看到或听到不同的内容。

8.4　创建按钮

按钮可以直观地表示用户的交互，用户通常会单击按钮，但是还有其他类型的交互方式，例如当用户使用光标经过按钮时，按钮可能会有某些动作。

按钮是一种有 4 种特定状态（或关键帧）的元件，可用于决定按钮的外观。按钮可以是任何东西，例如图像、图形或文本，它们并不一定是那些常见到的经典药丸形状的灰色矩形。

8.4.1　创建按钮元件

在本课中，将要使用较小的缩览图图像创建按钮和餐厅名称。按钮元件的 4 种特殊状态如下。

- 弹起：显示当光标还未与按钮交互时的按钮外观。
- 指针经过：显示当光标悬停在按钮上时的按钮外观。
- 按下：显示按钮被单击的外观。
- 单击：显示按钮的可单击区域。

在学习本课的过程中，将会了解这些状态和按钮外观之间的关系。

1. 选择菜单"插入">"新建元件"。

2. 在"创建新元件"对话框中，选择"按钮"并把元件命名为 gabel loffel button，然后单击"确定"按钮。

Animate 将进入新按钮的元件编辑模式。

3. 在库面板中，展开 restaurantthumbnails 文件夹，并将图形元件 gabelloffelthumbnail 拖入"舞台"中央。

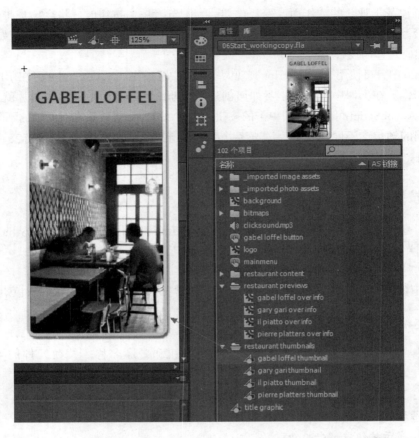

4. 在"属性"检查器中，设置 x=0、y=0。现在 gabel loffel thumbnail 图形元件的左上角已经和元件的注册点对齐。

5. 在时间轴上选择"单击"帧，再选择菜单"插入">"时间轴">"帧"以扩展时间轴。

gabel loffel 图像现在将扩展到"弹起""指针经过""按下"，以及"单击"这些状态。

6. 插入一个新图层。

7. 选择"指针经过"帧，再选择菜单"插入">"时间轴">"关键帧"。

把一个新的关键帧插入在顶层图层的"指针经过"状态。

8. 在库面板中，展开 restaurantpreviews 文件夹，并将 gabel loffel overinfo 影片剪辑元件拖至"舞台"上。

9. 在属性检查器中，设置 x=0、y=215。

这样，只要光标经过该按钮，餐厅图像上就会显示灰色信息框。

10. 在前两个图层上插入第 3 个图层。

11. 在新图层上选中"按下"帧，再选择菜单"插入" > "时间轴" > "关键帧"。

这样，就在新图层的按下状态中插入了一个新的关键帧。

12. 从库面板中将 clicksound.mp3 文件拖入 "舞台"。

这样，该声音的波形就出现在了该按钮元件顶部图层的按下关键帧内。

13. 选择有波形出现的 "按下" 关键帧，在 "属性" 检查器中，确保 "同步" 项设为 "事件"。

An | **注意**：要了解更多关于声音的信息，请参阅第 7 课。

14. 单击"舞台"上方灰色编辑栏中的"Scene1"，以退出元件编辑模式并返回到主时间轴，这样就完成了第一个按钮元件。查看库面板，就可以看到保存在其中的新按钮元件。

不可见按钮和"单击"关键帧

按钮元件的"单击"关键帧表明，对于用户而言，某个区域是"热区"，即可单击的区域。通常，与"弹起"关键帧包含的形状相比，"单击"关键帧包括一个与其大小和位置完全相同的形状。在大多数情况下，设计者都会希望用户看到的图形区域与其可单击区域一致。然而，在有些高级应用中，需要让"单击"关键帧和"弹起"关键帧有所不同。如果"弹起"关键帧为空，那么它生成的按钮就是不可见按钮。

用户看不到不可见按钮，但是由于"单击"关键帧仍定义了一个可单击的区域，不可见按钮仍处于活动状态。所以，可将不可见按钮置于"舞台"的任意位置，并使用ActionScript对其编程，使其对用户的动作作出相应的反应。

不可见按钮还可用于创建常规的热区，如将其置于不同的图片上，使每张图片对鼠标的单击都可以做出反应，而不必将其全部做成不同的按钮元件。

8.4.2　直接复制按钮

现在已经创建了一个按钮，那么创建其他按钮就会更容易了。可以直接复制按钮，用下一节的方法修改其图像，然后继续直接复制这些按钮，并为其余餐厅修改其图像。

1. 在库面板中，用鼠标右键单击（或按 Ctrl 键并单击）gabel loffel 按钮元件，并选择"直接复制…"。也可以单击库面板右上角的选项菜单，并选择"直接复制…"。

2. 在"直接复制元件"对话框中，"类型"选择"按钮"，并把它命名为 gary gari button。然后单击"确定"按钮。

8.4.3　交换位图

在"舞台"上交换位图和元件很容易，并且可以显著地加快工作进程。

1. 在库面板中，双击最新直接复制的元件（gary gari button）并编辑。

2. 在"舞台"上选中餐厅图像。

3. 在"属性"检查器中，单击"交换…"按钮。

4. 在"交换元件"对话框中，选择下一幅名为 gary gari thumbnail 的缩览图图像，然后单击"确定"按钮。

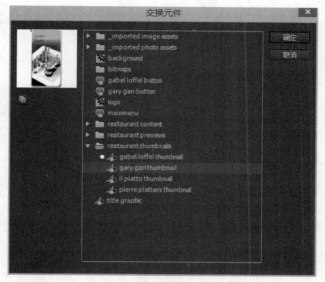

可以用所选的缩览图交换原始的缩览图（其元件名称左侧有一个黑点）。这是因为它们的大小完全相同，因此这种交换是无缝的。

5. 选取"指针经过"关键帧，并单击"舞台"上的灰色信息框。

6. 在"属性"检查器中，单击"交换…"按钮，并将所选元件与 gary gari overinfo 元件交换。

这样，按钮"指针经过"关键帧上的实例就适用于第二家餐厅了。由于元件是直接复制的，因此所有其他元素（如顶层图层的声音）都将保持一致。

7. 直接复制按钮并交换元件，使得库面板中存在 4 个不同的按钮元件，而每个都代表了一家餐厅。操作完成后，将这些餐厅的按钮组织在库面板中的一个文件夹中。

8.4.4 放置按钮实例

下面，需要把按钮放置在"舞台"上，并在"属性"检查器中为其命名，以便可以在 ActionScript 中区分、引用该按钮。

1. 在主时间轴上，插入新图层，其名称为 buttons。

2. 从库面板中将之前创建的每个按钮都拖到"舞台"的中央，将它们放置成水平一排。位置不需十分精确，之后还会将它们精确地对齐。

3. 选中第一个按钮，在"属性"检查器中，设置 x = 100。
4. 选中最后一个按钮，在"属性"检查器中，设置 x = 680。
5. 选中所有 4 个按钮，在对齐面板（"窗口">"对齐"）中，取消选中"与舞台对齐"选项，单击"水平平均间隔"按钮，然后单击"顶对齐"按钮。

这样所有 4 个按钮全部都是均匀分布的，并且在水平方向上对齐。
6. 仍选中所有按钮，在"属性"检查器中，设置 y = 170。

7. 现在就可以测试影片中按钮的工作情况了。选择菜单"控制">"测试影片"。当光标经过每个按钮时，其"指针经过"关键帧中的灰色信息框就会出现，单击按钮时就会有单击的声音。然而，现在还没有指示按钮具体要操作些什么，这要在命名按钮、学习一些关于 ActionScript 的知识后才能进行。

8.4.5 命名按钮实例

命名每个按钮实例，以便它可以在 ActionScript 中被引用。这可能会是许多初学者忘记做的非常重要的步骤。

1. 单击"舞台"的空白处，以取消选中所有按钮，然后选中第一个按钮。

2. 在"属性"检查器的"实例名称"文本框中，输入 gabelloffel_btn。

3. 把其他按钮分别命名为 garygari_btn、ilpiatto_btn 和 pierreplatters_btn。

确保这期间使用的都是小写字母，没有空格，并且再次检查以落实每个按钮实例的拼写。Animate 很敏感，只要有一处错误都会使整个项目不能正常工作。

4. 锁定所有图层。

命名规则

命名实例是创建交互式Animate项目中至关重要的一步，初学者常会忘记命名或没有正确地命名。

实例名称非常重要，因为在ActionScript中就是使用实例名称来引用这些对象的。实例名称不同于库面板中的元件名称，库面板中的元件名称仅仅是用于组织整个结构的提示词。

命名符号名称有以下规则：

1. 不能使用空格或特殊的标点符号，但可以使用下画线。

2. 名称不能以数字开头。

3. 注意大小写字母，因为实例名称区分大小写。

4. 按钮名称以"_btn"结尾，尽管这并不是必须的，但这样做有助于将对象标识为按钮。

5. 不能使用 Animate 中 ActionScript 命令的预留单词。

8.5 理解 ActionScript3.0

AdobeAnimateCC 使用的 ActionScript 是一种简单的脚本语言，可以扩展 Animate 的功能。尽管 ActionScript3.0 可能会使初学者踌躇不前，但其实通过它的一些简单脚本就可以获得很好的结果，和任何一种编程语言一样，只要花时间学习它的语法和基本术语，就可以很好地使用。

> **An** | **注意**：最新的 AnimateCC 版本仅支持 ActionScript3.0。如果需要在 ActionScript1.0 或 ActionScript2.0 中编程，需要使用 FlashProfessional 的旧版本。

8.5.1 关于 ActionScript

ActionScript 类似于 JavaScript，可以向 Animate 动画中添加更多的交互性。在本课中，将要使用 ActionScript 来为按钮添加动作。还会学习如何使用 ActionScript 来完成停止动画这样的简单任务。在使用 ActionScript 时，并不需要精通它，对于一些常见的任务，只需复制其他的 Animate 用户分享的脚本即可。另外，还可以使用代码片段面板，以便简单而又直观地向项目中添加 ActionScript 或与其他开发者共享 ActionScript 代码。

但是，如果能够了解 ActionScript 工作的方式，就可以使用 Animate 完成更多任务，并在使用时更有信心。

本课的设计目的并不是为了使读者成为 ActionScript 精通专家，因此，仅介绍了一些常见的语法和术语，并会学习到一个简单的脚本，使读者快速入门 ActionScript 语言。

如果读者之前使用过脚本语言，那么 Animate "帮助" 菜单中的文档就是快速精通 ActionScript 语言的指南；如果读者是想学习 ActionScript 语言的脚本编程初学者，该文档就是一本对初学者非常有帮助的关于 ActionScript3.0 的书籍。

8.5.2 理解脚本编程术语

ActionScript 中有许多术语，都与其他脚本编程语言相类似。以下是经常出现在 ActionScript 中的术语。

1. 变量

变量表示一份特定的数据，有助于追踪一些事情，如可以使用变量来追踪某场比赛里的得分或某个用户单击鼠标的次数。创建或声明一个变量时，还需要指定其数据类型，以确定该变量代表哪种数据，如 String 变量保存的是所有字母字符，而 Number 变量保存的则是数字。

 注意：变量必须是唯一的，并且区分大小写。如变量 mypassword 与变量 MyPassword 并不相同。变量名称仅能含有数字、字母和下画线，而且名称不能以数字开头，这与实例名称的命名规则相同（事实上，变量和实例在概念上是一致的）。

2. 关键词

在 ActionScript 中，关键字是用于完成特定任务的保留字，如 var 就是用于创建变量的关键字。

在 Animate "帮助" 菜单中可以找到关键字的完整列表，因为这些单词是保留字，因此不能将它们用作变量名称或另作他用，ActionScript 常常用它们来完成特定的任务。在动作面板中输入 ActionScript 代码时，关键字将会变成不同的颜色，这是在 Animate 中知道一个单词是否是关键字的好方法。

3. 参数

参数，常出现在代码的圆括号之内，可以为某个命令提供一些特定的详细信息，如在代码 "gotAndPlay(3);" 中，参数可以指导脚本转入第 3 帧。

4. 函数

函数会将很多行的代码组织起来，然后通过函数名称来引用它们。使用函数可以多次运行相同的语句集，而不必重复地输入。

5. 对象

在 ActionScript3.0 中，可使用对象来完成一些任务，如 Sound 对象可用于控制声音，Date 对象可用于管理与时间相关的数据。之前创建的按钮元件也是一种叫做 SimpleButton 的对象。

在编写环境中创建的对象（与那些在 ActionScript 中创建的对象不同）也可以在 ActionScript 中被引用，只要它们拥有唯一性的实例名称。"舞台"上的按钮也是实例，而且事实上，实例和对象是同义词。

6. 方法

方法是产生行为的命令。方法可以在 ActionScript 中产生真正的行为，而每一个对象都有它自己的方法集。因此，了解 ActionScript 需要学习每一类对象对应的方法，如与 MovieClip 对象关联的两种方法就是 stop() 和 gotoAndPlay()。

7. 属性

属性用于描述对象，如影片剪辑的属性包括其宽度和高度、x 和 y 坐标及水平和垂直缩放比例。许多属性都是可以修改的，而有些属性则是"只读"型，这说明它们只用于描述对象。

8.5.3 正确使用脚本编程语法

如果不熟悉编程语言或脚本语言，那么 ActionScript 可能会难以理解。但是，只要了解了基本的语法，也就是该语言的语法和标点，理解脚本就会容易些。

- 分号（semicolon）：位于一行的结尾，用于指导 ActionScript 代码已经到了行末尾，并将转到代码的下一行。

- 圆括号（parenthesis）：与英语一样，每个开始的圆括号都对应一个封闭圆括号。这与方括号（bracket）、大括号（curlybracket）是一致的。通常，ActionScript 中的大括号会出现在不同行上。这样就能更方便地阅读其中的内容。

- 点（dot）运算符（.）用于防伪对象的属性和方法。实例名称后接一个点，再接属性或方法的名称，就可以把点用于分隔对象、方法和属性。

- 输入字符串时，总要使用引号（quotationmark）。

- 可添加注释（comment）以提醒自己或其他参与该项目的合作伙伴。要添加单行注释，可使用两根斜杠（//）；要添加多行注释，可使用（/*）开始注释，（*/）结束注释。而注释则会被 ActionScript 忽视、呈灰色，并不会对代码产生影响。

- 使用动作面板时，Animate 检测到正在输入的动作会显示代码提示。代码提示有两类：包含了该动作完整语法的工具提示；列出了所有可能的 ActionScript 元素的弹出式菜单。

- 动作面板填满代码后，可通过折叠代码组使其阅读更加方便。对于关联的代码块（在大括号之内），单击代码空白处中的减符号（-）即可折叠，单击代码空白处的加符号（+）即可扩展。

8.5.4 导航动作面板

动作面板是编写所有代码的地方。通过选择菜单"窗口">"动作"，即可打开动作面板。也可以在时间轴上选中一个关键帧，然后在"属性"检查器的右上角单击 ActionScript 面板按钮。

还可以用鼠标右键单击（或 Ctrl 键 + 单击）任意一个关键帧，然后在出现的菜单中选择"动作"。

动作面板为输入 ActionScript 代码提供了一个灵活的编程环境，还有多种不同的选项来帮助编写、编辑和浏览代码。

动作面板被分为两部分。动作面板的右侧是"脚本"窗格，可用于输入代码，与在文本编辑软件中输入文本的操作相同。

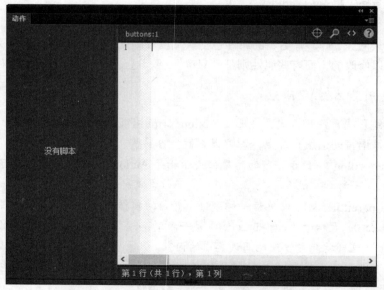

左侧的是"脚本"导航器，可用于查找代码所处的位置。Animate 将 ActionScript 代码存放在"时间轴"的关键帧上，这样如果代码分散在许多不同的关键帧和时间轴上，该"脚本"导航器就会非常有用。

在动作面板底部，Animate 显示了当前所选代码区域的行数和列数（或一行中的字符数）。

在动作面板右上角，有各种查找、替换和插入代码的选项。

8.6 准备"时间轴"

每个新的 Animate 项目都起始于单个帧。要在"时间轴"上创建空间以添加更多的内容，就需要向多个图层中添加更多的帧。

1. 在顶层的图层中，选中后面的某个帧。在这个示例中，选择第 50 帧。

2. 选择菜单"插入" > "时间轴" > "帧", 也可以直接按 F5 键。另外, 还可以用鼠标右键单击（或 Ctrl 键 + 单击）后出现的菜单中选择"插入帧"。

这样, Animate 就在顶层图层多选的点, 即第 50 帧添加帧。

3. 在另两个图层中, 选择第 50 帧并插入帧。

这样, 在"时间轴"上的所有图层中都有了 50 个帧。

8.7 添加停止动作

现在"时间轴"上已经有了帧, 影片就可以从第 1 帧顺序播放至第 50 帧。但是, 对于本课中的交互式餐厅指南, 需要浏览者以他们自行选择的顺序来观察并选择餐厅。所以需要在第一帧暂停影片, 以待浏览者单击第一个按钮, 这样就需要使用一个停止动作来暂停 Animate 影片, 停止动作可通过暂停播放头来停止该影片。

1. 在图层顶部插入一个新图层, 并修改名称为 actions。

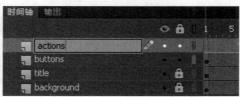

2. 选中 actions 图层的第 1 个关键帧, 并打开动作面板（"窗口" > "动作"）。

3. 在"脚本"窗格中, 输入"stop();"。

代码出现在"脚本"窗格中,而在 actions 图层的第 1 个关键帧中出现了一个极小的小写字母"a",这表明其中包含了一些 ActionScript 代码。这样影片就可以在第 1 帧时停止。

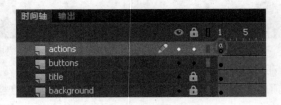

8.8　为按钮创建事件处理程序

在 Animate 中,事件是可检测、可响应的,如单击鼠标、移动鼠标或在键盘上按键都是事件,在手机设备上的单击、滑动姿势也是事件。这些都是由用户产生的事件,但是有些事件是与用户无关的,如成功地下载一份数据,完成某段音频。使用 ActionScript 的事件处理程序,可以编写用于检测、响应各种事件的代码。

在事件处理程序中的第一步就是创建一个可以检测该事件的侦听器。侦听器代码如下:

```
wheretolisten.addEventListener(whatevent,responsetoevent);
```

实际的命令是 addEventListener()。其他的则是针对具体情况中对象和参数的占位符。

wheretolisten 是事件发生所在的对象,通常为按钮。whatevent 是特定类型的时间(如单击鼠标),responsetoevent 则是事件发生时触发的函数名称。所以, 如果想要侦听鼠标单击 btn1_btn 的事件,并且响应为 showimage1 函数,那么代码如下所示:

```
btn1_btn.addEventListener(MouseEvent.CLICK,showimage1);
```

下面, 就要创建响应该事件的 showimage1 函数。函数仅仅是一串动作的组合 ;可通过引用其名称来触发该函数。函数看起来将会如下所示:

```
function showimage1(myEvent:MouseEvent){};
```

函数名称,像按钮名称一样,可以任意按照个人喜好命名。在本例中,函数名称是 showimage1。

它接受一个名为 myEvent 的参数,并将激发侦听器。冒号后面的事项描述了对象的类型。如果某个事件触发了该函数,Animate 将会执行大括号中的所有动作。

8.8.1　添加事件侦听器和函数

下面,为了侦听每个按钮的鼠标单击事件,要添加 ActionScript 代码。其响应将会使 Animate 转到 "时间轴"的特定帧上,以显示不同的内容。

1. 选择 actions 图层的第 1 个关键帧。

2. 打开动作面板。

3. 在动作面板的 "脚本"窗格中,从第二行开始,输入以下代码:

```
actions:1                                    ⊕ ♪ <> ❷
1        stop();
2        gabelloffel_btn.addEventListener(MouseEvent.CLICK, restaurant1);
```

```
gabelloffel_btn.addEventListener(MouseEvent.CLICK, ¬restaurant1);
```

侦听器将侦听"舞台"上 gabelloffel_btn 对象上的鼠标单击事件。如果该事件发生，就将激发 restaurant1 函数。

4. 在"脚本"窗格下一行中，输入以下代码：

```
function restaurant1(event:MouseEvent):void{
 gotoAndStop(10);
}
```

```
actions:1                                    ⊕ ♪ <> ❷
1        stop();
2        gabelloffel_btn.addEventListener(MouseEvent.CLICK, restaurant1);
3    ☐ function restaurant1(event:MouseEvent):void {
4          gotoAndStop(10);
5        }
6
```

restaurant1 函数中，表示要跳转到第 10 帧，并停在该帧处。这样 gabelloffel_btn 按钮的代码就完成了。

 注意：void 表示返回的数据类型由函数内部决定，这意味着不返回任何值。有时函数执行后，需要返回数据，如数据积分后返回答案值。

鼠标事件

下面的列表中包含了常见鼠标事件的ActionScript代码。可在创建侦听器时使用这些代码，并确保正确使用小写和大写字母。对于大多数网页浏览者而言，第一个事件（MouseEvent.CLICK）基本可以满足需求。而该事件在浏览者按下后松开鼠标时发生。

- MouseEvent.CLICK
- MouseEvent.MOUSE_MOVE
- MouseEvent.MOUSE_DOWN
- MouseEvent.MOUSE_UP
- MouseEvent.MOUSE_OVER
- MouseEvent.MOUSE_OUT

这是按钮对象完整的可用事件列表，可在Animate帮助菜单文档下的SimpleButton类的事件中查看它们。

5. 在"脚本"窗格下一行中，为余下的3个按钮输入其对应的代码。可以复制并粘贴第2行到第5行，更改按钮名称、函数名称（2处）以及目标帧。完整的脚本代码应如下所示：

```
stop();
gabelloffel_btn.addEventListener(MouseEvent.CLICK, ¬restaurant1);
function restaurant1(event:MouseEvent):void{
 gotoAndStop(10);
}
garygari _btn.addEventListener(MouseEvent.CLICK,restaurant2);
function restaurant2(event:MouseEvent):void{
 gotoAndStop(20);
}
ilpiatto_btn.addEventListener(MouseEvent.CLICK,restaurant3);
function restaurant3(event:MouseEvent):void{
 gotoAndStop(30);
}
pierreplatters_btn.addEventListener(MouseEvent.CLICK, ¬restaurant4);
function restaurant4(event:MouseEvent):void{
 gotoAndStop(40);
}
```

 注意：确保每个函数最后都有结束的大括号，否则代码将不起作用。

用于导航的ActionScript命令

以下列表包含了常用导航命令的ActionScript代码。可以使用这些代码来创建按钮，以实现停止、启动播放头或在"时间轴"上将播放头移动到不同帧的功能。gotAndStop以及gotAndPlay命令的圆括号内还需要其他的信息或自变量参数。

* stop();
* play();
* gotoAndStop(framenumberor "framelabel");
* gotoAndPlay(framenumberor "framelabel");
* nextFrame();
* prevFrame();

 注意：和其他编程语言一样，ActionScript代码很敏感，一小处错误就可能会导致整个项目无法顺利运行。因此，可以利用代码的颜色提示，并特别关注代码的各种标点。仔细查看带颜色的关键字和名称，并通过选择菜单"编辑" > "首选参数" > "代码编辑器"勾选"自动结尾括号"复选框，以便让Animate自动生成结尾括号，以防忘记。

8.8.2 检查错误

即使对于编程老手而言，调试也是非常必须的一个过程。因为即使很小心，代码中可能也会出现一些错误。但是，Animate 可以在"编译器错误面板"中提示语法错误，还会在动作面板指出错误的原因和位置。

1. 选择菜单"控制" > "测试影片"，以测试自己的影片。

如果没有代码错误，Animate 将会在一个独立的窗口中输出 SWF 文件。

如果 Animate 发现了代码错误，编译器错误面板（"窗口" > "编译器错误"）将会自动出现，并且给出错误的详细描述和位置。而代码中出现编译错误时，整个代码都无法起作用。如在编译器错误窗口中显示，Animate 在第 18 行发现代码中添加了一个额外的字符。

```
1    stop();
2    gabelloffel_btn.addEventListener(Mous
3    function restaurant1(e:MouseEvent):vc
4        gotoAndPlay("label1");
5    }
6    garygari_btn.addEventListener(MouseEv
7    function restaurant2(e:MouseEvent):vc
8        gotoAndPlay("label2");
9    }
10   ilpiatto_btn.addEventListener(MouseEv
11   function restaurant3(e:MouseEvent):vc
12       gotoAndPlay("label3");
13   }
14   pierreplatters_btn.addEventListener(
15   function restaurant4(e:MouseEvent):vc
16       gotoAndPlay("label4");
17   }
18   }
19
```

2. 在编译器错误面板中双击该错误信息。

Animate 将会切换到动作面板中对应的错误位置并修正。

8.9 创建目标关键帧

网站用户单击每个按钮时，Animate 都会根据 ActionScript 代码的指示，将播放头移动到时间轴的对应位置处。下面，将在特定的帧中放置一些不同的内容。

8.9.1 向关键帧插入不同的内容

下面，将会在一个新图层中插入 4 个关键帧，并在新关键帧中置入每家餐厅的一些信息。

1. 在图层的顶部、actions 图层下方插入新图层，并将其命名为 content。

2. 在 content 图层中选中第 10 帧。

3. 在第 10 帧插入新的关键帧（"插入" > "时间轴" > "关键帧"，或直接按 F6 键）。

4. 在第 20 帧、第 30 帧以及第 40 帧插入新关键帧。

这样，content 图层的时间轴上就有了 4 个空白的关键帧。

5. 在第 10 帧选中该关键帧。

6. 在库面板中，展开 restaurantcontent 文件夹。将 gabelandloffel 元件从库面板中拖至"舞台"。该元件是一个影片剪辑元件，包含关于该餐厅的照片、图形和文本。

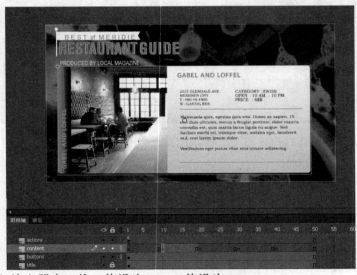

7. 在"属性"检查器中，将 x 值设为 60，y 值设为 150。

关于 gabel and loffel 餐厅的信息将显示在"舞台"中央，并覆盖住所有按钮。

8. 在第 20 帧选中该关键帧。

9. 从库面板中将 gary gari 元件拖至"舞台"中央。该 gary gari 元件是另一个影片剪辑元件，包含了关于该家餐厅的照片、图形和文本。

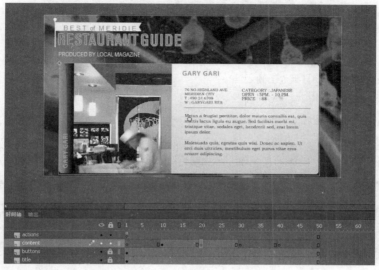

10. 在"属性"检查器中，设置 x = 60、y = 150。

11. 在库面板的 restaurantcontent 文件夹中，将每家餐厅的影片剪辑元件拖至 content 图层上相应的关键帧处。

此时，每个关键帧都包含一个关于不同餐厅的影片剪辑元件。

8.9.2 使用关键帧上的标签

在网站用户单击按钮时，ActionScript 代码可以指导 Animate 前往相应的不同帧。但是，如果需要编辑时间轴、添加或删除一些帧时，就需要返回 ActionScript，并修改代码以使帧的编号与实际相匹配。

一种非常简单地避免这个问题的方法是使用帧标签，而不是固定的帧编号。帧标签是编程人员给予关键帧的名称。这样，就不需要通过帧编号来引用关键帧，而是使用它们的帧标签。因此，即使在编辑时移动目标关键帧，帧标签依然跟随着对应的关键帧。要在 ActionScript 中引用帧标签，需要在其上添加引号来括住它，如 gotoAndStop("label1") 命令就是将播放头移至标签为 label1 的关键帧。

1. 在 content 图层上选中第 10 帧。

2. 在"属性"检查器的"标签名称"框中输入 label1。

这样，一个拥有标签的关键帧上就会出现一个很小的旗帜图标。

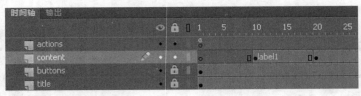

3. 在 content 图层上选中第 20 帧。

4. 在 "属性" 检查器的 "标签名称" 框中输入 label2。

5. 在 content 图层上依次选中第 20 帧、第 30 帧，然后在 "属性" 检查器的 "标签名称" 框中依次输入 label3、label4。

这样，content 图层上，4 个拥有标签的关键帧上都会出现一个很小的旗帜图标。

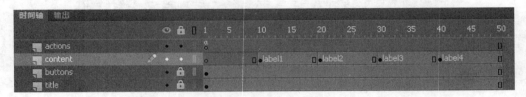

6. 选中 actions 图层上的第 1 帧，然后打开动作面板。

7. 在 ActionScript 代码中，将每个 gotoAndStop() 命令中的固定帧编号换成相应的帧标签：

- gotoAndStop(10); 应改为 gotoAndStop（"label1"）；

- gotoAndStop(20); 应改为 gotoAndStop（"label2"）；

- gotoAndStop(30); 应改为 gotoAndStop（"label3"）；

- gotoAndStop(40); 应改为 gotoAndStop（"label4"）；

```
actions:1
1    stop();
2    gabelloffel_btn.addEventListener(MouseEvent.CLICK, restaurant1);
3    function restaurant1(event:MouseEvent):void {
4      gotoAndStop("label1");
5    }
6    garygari_btn.addEventListener(MouseEvent.CLICK, restaurant2);
7    function restaurant2(event:MouseEvent):void {
8      gotoAndStop("label2");
9    }
10   ilpiatto_btn.addEventListener(MouseEvent.CLICK, restaurant3);
11   function restaurant3(event:MouseEvent):void {
12     gotoAndStop("label3");
13   }
14   pierreplatters_btn.addEventListener(MouseEvent.CLICK, restaurant4);
15   function restaurant4(event:MouseEvent):void {
16     gotoAndStop("label4");
17   }
```

这样，ActionScript 代码将会指导播放头前往某一指定帧标签，而不是某一指定帧编号处。

> **An** | **注意**：确保输入的是直引号，而不是弯引号，因为在 ActionScript 中，是区分直引号和弯引号的。但是，既可以使用单引号，也可以使用双引号。

8. 选择菜单"控制" > "测试"。

每个按钮都将播放头移至"时间轴"的不同帧标签处，以便显示一个不同的影片剪辑。这样，网站用户可以按照任意顺序来浏览餐厅。但是，由于餐厅的信息覆盖住了所有按钮，无法再看到原始菜单屏幕以选择另一家餐厅，因此，下面将要设计一个按钮以返回第 1 帧。

8.10 使用代码片段面板创建源按钮

源按钮可以使播放头返回"时间轴"的第 1 帧、给观众提供原始帧或主菜单，并将其呈现给网站用户。创建返回第 1 帧的按钮与之前创建 4 个餐厅按钮的过程相同。但是，在本节将学习如何使用代码片段面板来把 ActionScript 代码添加到项目中。

8.10.1 添加另一个按钮实例

1. 选中 buttons 图层，并确保该图层是解锁的。

2. 从库面板中将 mainmenu 按钮拖至"舞台"中央。将该按钮实例置于右上角。

3. 在"属性"检查器中，设置 x = 726、y = 60。

8.10.2 使用代码片段面板添加 ActionScript 代码

代码片段面板可提供一些常见的 ActionScript 代码，以便轻松地为 Animate 项目添加交互性、简化整个过程。如果对按钮代码不确定，可使用该面板来学习如何添加交互性。代码片段面板可以在动作面板中填充必须的一些代码，并自行修正代码中的一些关键参数。

另外，还可通过该面板保存、导入或与项目开发组成员分享一些代码，从而让整个开发过程更加高效。

1. 在"时间轴"上选中第 1 帧。在"舞台"上选中 mainmenu 按钮。

2. 选择菜单"窗口">"代码片段",或在动作面板的右上角单击代码片段按钮。

这样就打开了代码片段面板。而代码片段是被组织在描述其功能的文件夹中的。

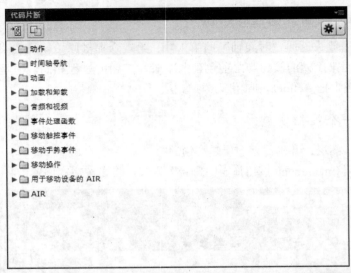

3. 在代码片段面板中,展开名为"时间轴导航"的文件夹,并双击"单击以转到帧并停止"选项。

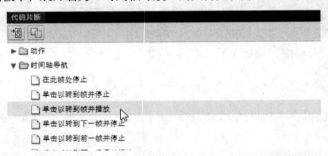

如果还没有给按钮一个实例名称,Animate 就会出现警告对话框,提示需要给所选对象(mainmenu 按钮)命名,以便在代码中引用它。

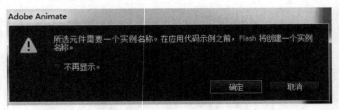

4. 单击"确定"按钮。

这样,Animate 将会自动给该按钮一个实例名称。打开动作面板,就会显示生成的代码。代码中的注释部分则是描述该代码的功能和各个参数。

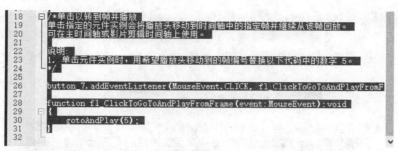

```
18  □/*单击以转到帧并播放
19    单击指定的元件实例会将播放头移动到时间轴中的指定帧并继续从该帧回放。
20    可在主时间轴或影片剪辑时间轴上使用。
21
22    说明:
23    1.  单击元件实例时,用希望播放头移动到的帧编号替换以下代码中的数字 5。
24    */
25
26  button_7.addEventListener(MouseEvent.CLICK, fl_ClickToGoToAndPlayFromF
27
28  function fl_ClickToGoToAndPlayFromFrame(event:MouseEvent):void
29  □{
30        gotoAndPlay(5);
31    }
32
```

5. 用 gotoAndStop(5) 命令替换掉 gotoAndStop(1)。

这样,单击 mainmenu 按钮就会激发该函数,让 Animate 将播放头移动到第 1 帧。

 注意:Animate 将自动向新图层 Actions 中添加代码片段。如果 ActionScript 代码分布在不同图层,可通过粘贴、复制代码将其合并到某一图层的一个关键帧中。

8.11 代码片段选项

使用代码片段面板,不仅可以快速便捷地添加交互性、学习代码,还可以帮助自己或编程小组在某个项目中组织各种常用的代码。以下是代码片段面板中的一些其他选项,可用于保存或与他人分享自己的代码。

8.11.1 创建自己的代码片段

如果自己有常用的 ActionScript 代码,可将其保存到代码片段面板中,以便快捷方便地在其他项目中调用该代码。

1. 确保打开代码片段面板。

2. 在面板右上角的选项菜单中,选择"创建新代码片段"。

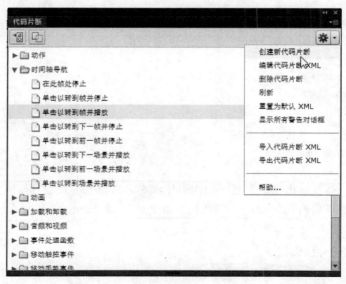

这样，将会出现"创建新代码片段"对话框。

3. 在"标题"和"说明"文本框内，可为新代码片段输入标题和描述说明。在"代码"框内，即可输入要保存的 ActionScript 代码。其中术语 instance_name_here 是实例名称的占位符。

另外，确保勾选了"代码"文本框下方的复选框。

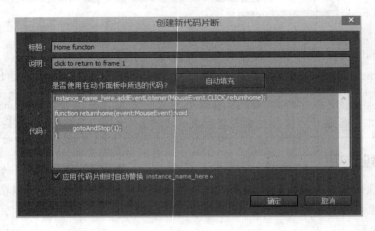

4. 单击"确定"按钮。

在代码片段面板中，Animate 将自行保存的代码保存在"自定义"文件夹中。现在就可以在该面板中看到保存的代码，并将其应用于其他工程。

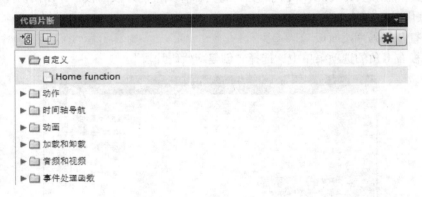

8.11.2 分享代码片段

这样长此以往，就可以积累一个有用的代码片段库，并将其与其他开发人员分享。在 Animate 中，还可以很方便地导出自行定义的代码片段、并允许其他 Animate 开发人员将其导入到各自的代码片段面板。

1. 确保打开代码片段面板。

2. 在面板右上角的选项菜单中，选择"导出代码片段 XML"选项。

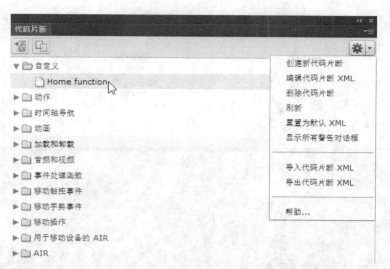

在"将代码片段另存为 XML"对话框中，选择文件名称和保存类型，然后单击"确定"按钮。

Animate 将所有代码片段面板中的片段（既包括默认代码片段，也包括自定义的片段）都保存在 XML 文件中，以便分发给项目小组的其他成员。

3. 要导入自定义的代码片段，可选择代码片段面板中的"导入代码片段 XML"选项。

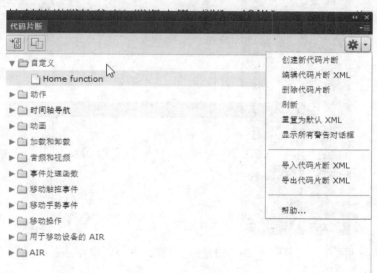

选择包含自定义片段的 XML 文件后，单击"打开"按钮。这样，代码片段面板中就会包含来自 XML 文件的所有片段。

8.12 在目标处播放动画

到现在为止，本课的互动式餐厅指南可通过 gotoAndStop() 命令，在"时间轴"的不同关键帧内显示各种信息。但是，如何在单击按钮后播放动画呢？可以使用 gotoAndPlay() 命令，通过该命令的参数将播放头移动至某一帧编号或帧标签处开始播放。

8.12.1 创建过渡动画

下面，将要为每家餐厅的指南创建一个简短的过渡动画。然后修改 ActionScript 代码，指导 Animate 前往起始关键帧、播放该动画。

1. 将播放头移至 label1 帧标签处。

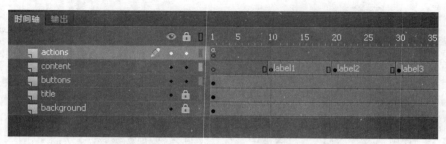

2. 在"舞台"上，用鼠标右键单击（或按 Ctrl 键 + 单击）餐厅信息实例，并从出现的菜单中选择"创建补间动画"选项。

这样，Animate 将为实例创建一个独立的补间图层，以便可以创建补间动画。

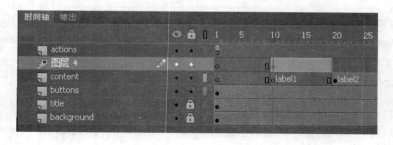

3. 在“属性”检查器中，在“色彩效果”栏的“样式”下拉菜单中选中“Alpha”。

4. 将 Alpha 滑块移至 0%。这样，“舞台”上的实例将变得完全透明。

5. 将播放头移动至第 19 帧，即补间范围的末尾处。

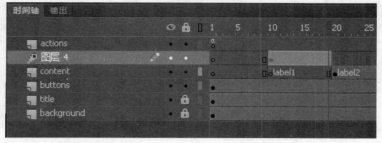

6. 在“舞台”上选中透明的实例。

7. 在“属性”检查器中，将 Alpha 滑块移至 100%。

这样，该实例将显示为正常的透明度。而从第 10 帧到第 19 帧的补间动画则显示了平滑的淡入效果。

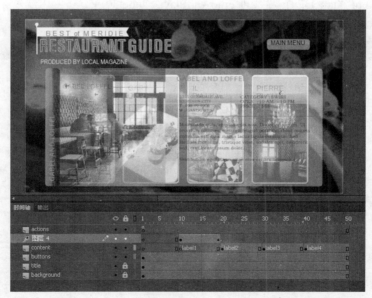

8. 在 label2、label3 和 label4 关键帧标签处，分别为其余 3 家餐厅创建与之相似的补间动画。

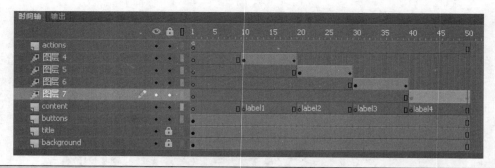

8.12.2　使用 gotoAndPlay 命令

gotoAndPlay 命令可将 Animate 播放头移至"时间轴"的某一指定关键帧处，并从该点开始播放。

1. 选中 actions 图层的第 1 帧，打开动作面板。

2. 在 ActionScript 代码中，将前 4 个 gotoAndStop() 命令替换为 gotoAndPlay() 命令，其中的参数保持不变：

- gotoAndStop（"label1"）;应改为 gotoAndPlay（"label1"）;
- gotoAndStop（"label2"）;应改为 gotoAndPlay（"label2"）;
- gotoAndStop（"label3"）;应改为 gotoAndPlay（"label3"）;
- gotoAndStop（"label4"）;应改为 gotoAndPlay（"label4"）;

```
actions:1                                              ⊕ ⌕ <>
 1    stop();
 2    gabelloffel_btn.addEventListener(MouseEvent.CLICK, restaurant1);
 3    function restaurant1(event:MouseEvent):void {
 4      gotoAndPlay("label1");
 5    }
 6    garygari_btn.addEventListener(MouseEvent.CLICK, restaurant2);
 7    function restaurant2(event:MouseEvent):void {
 8      gotoAndPlay("label2");
 9    }
10    ilpiatto_btn.addEventListener(MouseEvent.CLICK, restaurant3);
11    function restaurant3(event:MouseEvent):void {
12      gotoAndPlay("label3");
13    }
14    pierreplatters_btn.addEventListener(MouseEvent.CLICK, restaurant4);
15    function restaurant4(event:MouseEvent):void {
16      gotoAndPlay("label4");
17    }
```

对于每一个餐厅按钮，ActionScript 代码都将会指导播放头前往特定的帧标签，并从该点开始播放。确保此时主页键的函数不变，也就是说仍将该按钮的函数保持为 gotoAndStop() 命令。

8.12.3　停止动画

如果要测试影片（"控制" > "测试影片"），可以看到单击每个按钮都可以前往与其对应的帧标签处，从该点开始播放，但是之后会显示该点后"时间轴"上所有的动画。下面来设置 Animate 何时停止。

1. 选中 actions 图层的第 19 帧，即 content 图层上 label2 关键帧的前一帧。

2. 用鼠标右键单击（或按 Ctrl 键 + 单击），在出现的菜单中选择"插入关键帧"选项。

这样，就在 actions 图层的第 19 帧处插入了一个新的关键帧。

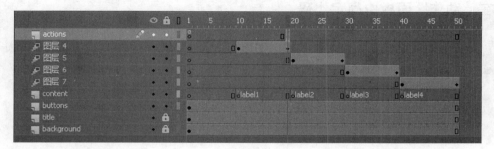

3. 打开动作面板。

此时动作面板中的"脚本"窗格是空白的。但是不需惊慌，因为之前的代码并没有消失，事件侦听器的代码位于 actions 图层的第 1 个关键帧。之前选中了一个新的关键帧，下面将在其上添加停止命令。

4. 在"脚本"窗格上，输入"stop();"。这样，Animate 将会播放到第 19 帧时停止。

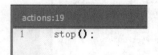

An | **注意：** 如果愿意的话，也可以使用代码片段面板来添加该停止命令。

---

5. 依次在第 29 帧、第 39 帧和第 50 帧处插入关键帧。

6. 在动作面板中，分别在以上 3 处关键帧中添加一个停止命令，结果如图 6.70 所示。

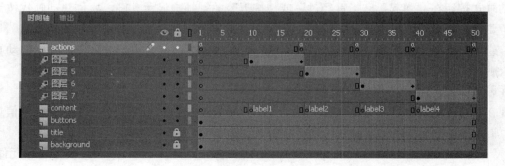

注意：要想快速便捷地复制包含了停止命令的关键帧，可以按住 Alt 键或 Option 键，然后将其从"时间轴"上移动到对应的新位置处即可。

7. 选择菜单"控制">"测试影片"，以便测试自己的影片。

这时，每个按钮都可前往不同关键帧，并播放一个简短的淡入动画。在动画末尾处，影片停止并等待观众单击主页键。

在"动作"面板中固定代码

当代码分散在时间轴上的多个关键帧中时，有时很难来回编辑或查看代码。"动作"面板提供了一种方法，可以将特定关键帧的代码"固定"到"动作"面板。单击"动作"面板顶部的"引脚脚本"按钮，Animate将为"脚本"窗格中当前显示的代码创建单独的选项卡。该选项卡将标记您的代码所在的帧编号。您可以固定多个脚本，使您可以轻松地在它们之间导航。

```
actions:1
1   stop();
2   gabelloffel_btn.addEventListener(MouseEvent.CLICK, restaurant1);
3   function restaurant1(e:MouseEvent):void {
4       gotoAndPlay("label1");
5   }
6   garygari_btn.addEventListener(MouseEvent.CLICK, restaurant2);
7   function restaurant2(e:MouseEvent):void {
8       gotoAndPlay("label2");
9   }
10  ilpiatto_btn.addEventListener(MouseEvent.CLICK, restaurant3);
11  function restaurant3(e:MouseEvent):void {
12      gotoAndPlay("label3");
13  }
14  pierreplatters_btn.addEventListener(MouseEvent.CLICK, restaurant4);
15  function restaurant4(e:MouseEvent):void {
16      gotoAndPlay("label4");
17  }
```

8.13 动画式按钮

现在，当光标经过餐厅按钮时，灰色的信息框就会突然出现。但是可以尝试将灰色信息框制作成动画，这样将会给网站用户和按钮之间的交互性提供更多的真实活力和奇思妙想。

动画式按钮在"弹起"、"指针经过"或"按下"关键帧中显示动画。要创建动画式按钮的关键在于要在影片剪辑元件内部创建动画，然后将该影片剪辑元件置于按钮元件的"弹起"、"指针经过"或"按下"关键帧中。这样，当按钮的一个关键帧显示时，该影片剪辑元件中的动画也可以开始播放。

在影片剪辑元件中创建动画

现在，交互式餐厅指南中的按钮元件已经在"指针经过"状态中，包含了一个灰色信息框的影片剪辑元件。下面，将要编辑每一个影片剪辑元件以向其中添加动画。

1. 在库面板中，展开 restaurantpreviews 文件夹。双击 gabel loffel overinfo 影片剪辑元件。

此时，Animate 将会进入 gabel loffel overinfo 影片剪辑元件的元件编辑模式。

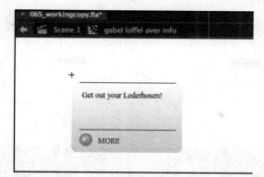

2. 选中"舞台"上所有可见的元素（按 ctrl 键或 Command+A 组合键）。

3. 用鼠标右键单击（或按 Ctrl 键 + 单击），在出现的菜单中选择"创建补间动画"选项。

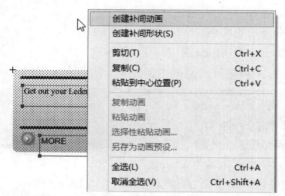

4. 在出现的对话框中，要求确认将所选内容转换为元件，单击"确定"按钮即可。

这样，Animate 将会创建一个补间图层，并向影片剪辑"时间轴"上添加一个 1 秒的帧。

5. 往回拖动该补间范围的末尾，使得其"时间轴"仅包含 10 帧即可。

6. 将播放头移至第 1 帧，然后选中"舞台"上的实例。

7. 在"属性"检查器中的"色彩效果"栏的"样式"下拉菜单中选择 Alpha，并将 Alpha 滑块移至 0%。

这样，"舞台"上的实例将会变得完全透明。

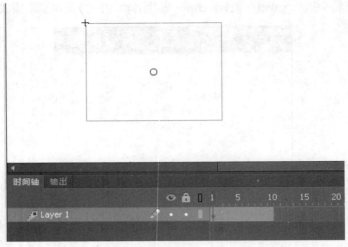

8. 将播放头移至第 10 帧，即补间范围的末尾。

9. 在"舞台"上选中该透明实例。

10. 在"属性"检查器中，将 Alpha 滑块移至 100%。

这样，Animate 将会在 10 帧的补间范围中创建一个从透明实例到不透明实例的平滑过渡。

11. 插入一个新图层，并将其命名为 actions。

12. 在 actions 图层的最后一帧（第 10 帧）插入一个新的关键帧。

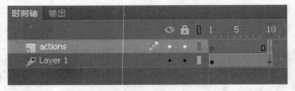

13. 打开动作面板（"窗口" > "动作"），然后在"脚本"窗格中输入"stop();"。

这样，就在最后一帧中添加了停止动作，使得淡入效果仅播放一次。

14. 单击"舞台"上方编辑栏中的 Scene1 按钮，以退出元件编辑模式。

15. 选择菜单"控制" > "测试影片"。

此时，光标经过第一个餐厅按钮时，其灰色信息框将出现淡入效果。这是由于位于影片剪辑元件内部的补间动画播放了淡入效果，而影片剪辑元件则位于按钮元件的"指针经过"状态中。

> **An** **注意**：如果需要动画式按钮重复它的动画效果，可放弃影片剪辑"时间轴"末端的停止命令。

16. 为其他的灰色信息框影片剪辑创建相同的补间动画，以便 Animate 可以为所有餐厅按钮创建动画式效果。

复习题

1. 如何、在哪里添加 ActionScript 代码?
2. 如何命名一个实例,而这样做为什么是必须的?
3. 如何标记帧,这样标记何时有用?
4. 函数是什么?
5. 事件是什么?事件侦听器是什么?
6. 如何创建动画式按钮?

复习题答案

1. ActionScript 代码可与"时间轴"上的关键帧关联起来,而带有 ActionScript 代码的关键帧上会出现小写字母"a"。可以选择菜单"窗口">"动作",然后在动作面板中添加 ActionScript 代码;或选中一个关键帧,在"属性"检查器中单击 ActionScript 面板图标;也可以用鼠标右键单击(或按 Ctrl 键 + 单击)后,在出现的菜单中选择"动作"。之后就可在动作面板的"脚本"窗格直接输入代码,也可以通过代码片段面板添加 ActionScript 代码。

2. 要命名实例,可以在"舞台"上选中它,然后在"属性"检查器的"实例名称"文本框中输入其名称。只有对实例命名后,才可以在 ActionScript 代码中引用它。

3. 要标记帧,可以在"时间轴"上选中该关键帧,然后在"属性"检查器的"帧标签名称"文本框中输入其名称。在 Animate 中标记帧后,就可以在 ActionScript 代码中更加灵活地引用该关键帧。

4. 函数是可通过函数名来引用的一组语句。使用函数,就可以重复地引用这些相同的语句,而不需在脚本中不断地重复它们。检测到某事件后,就可以执行一个函数作为响应。

5. 事件是 Animate 可检测到、可做出响应的单击按钮、键盘按键或一组输入的动作。事件侦听器,也被称为事件处理程序,就是针对某些特定事件做出响应的函数。

6. 动画式按钮显示了"弹起""指针经过"或"按下"关键帧的动画。要创建动画式按钮,可在影片剪辑元件内部创建动画,然后将该影片剪辑置入按钮元件的"弹起""指针经过"或"按下"关键帧内部。这样,显示这些按钮的某一关键帧时,就会播放该影片剪辑元件的动画。

第9课 处理声音和视频

9.1 课程概述

在这一课中，将学习如何执行以下任务：

- 导入声音文件
- 编辑和分割声音文件
- 使用 AdobeMediaEncoder 来准备视频
- 了解视频和音频编码选项
- 使用组件为 AdobeAIR、ActionScript3.0 或 HTML5Canvas 文档播放视频
- 嵌入视频作为动画指南
- 自定义视频播放组件的选项
- 使用包含 Alpha 通道的视频
- 在时间轴上嵌入视频

学习该课程需要大约 3 小时。

声音和视频可以为您的项目添加全新的看点。本课将学习如何导入声音文件并进行编辑；学习如何使用Adobe MediaEncoderCC 压缩、转换视频文件；还要学习如何将动画作为 HD 视频导出。

9.2　开始

正式操作前，先来查看本课将要在 Animate 中学习制作的动画式动物园自助服务机。本课要向 Animate 项目中添加声音、视频文件以创建自助服务机。

1. 双击 Lesson09/09End 文件夹中的 Shearwood-Wildlife-Preserve.air 文件以播放动画。

Shearwood-
Wildlife-Preserve.air

安装程序将警告您该应用程序来自未知的作者，但您可以信任我们！单击安装。安装完成后，应用程序将在桌面左上角启动一个新窗口。首先是一段北极熊短片，配有非洲打击乐背景，然后将会出现一位动物园管理员进行自我介绍。

> **注意**：如果计算机要求您选择要打开文件的应用程序，则需要安装 AdobeAIRRuntime。转到 get.adobe.com/air 并按照安装说明进行操作。

2. 单击一个声音按钮（左下角）以倾听一种动物的声音。

3. 单击一个缩览图按钮以观察一段关于该动物的短片。使用影片下方的界面控件，可以暂停，或继续播放影片，也可以降低音量。

4. 按 Ctrl+Q/Command+Q 关闭应用程序（或从 MacOSDock 或 Windows 任务栏中选择退出）。

在本课中，需要导入音频文件，并将其放在"时间轴"上以创建简短的音频音乐；向按钮中嵌入声音；然后将使用 AdobeMediaEncoderCC 压缩、转换视频文件，使其成为可在 Animate 中使用的格式；处理视频中的透明背景，从而创建动物园管理员的侧面像视频。另外，还会通过使用本书中前几课中完成的项目，学习如何将 Animate 内容导出为高质量视频。

1. 双击 Lesson09/09Start 文件夹中的 09Start.fla 文件，以在 AnimateCC 中打开初始工程文件。

2. 选择菜单"文件">"另存为"。把文件名命名为 09_workingcopy.fla，并把它保存在 09Start 文件夹中。保存工作副本，以确保重新设计时，能够使用原始的初始文件。

9.3 了解项目文件

项目文件是 AIRforDesktop 文档。最终发布的项目是一个独立的应用程序，可以在 Windows 或 MacOS 桌面上运行，无需浏览器。

本课的项目除了音频、视频部分以及一些 ActionScript 代码，初步已完成。项目中，舞台大小 为 1000 像素 ×700 像素，底部一排为动物的彩色图像按钮，另一组按钮位于左侧，顶部是标题，舞台背景是一幅正在休息的狮子图像。

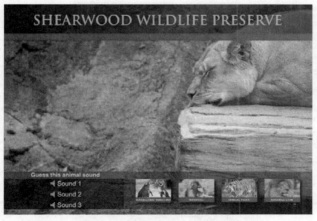

最下面 3 个图层，分别被称为 backgroundphoto、title 和 bottomnavbar，包含了各种设计元素、文本和图像。它们上方的两个图层，分别是 buttons 和 soundbuttons，包含了按钮元件的实例。videos 图层和 highlights 图层则包含了几个带标签的关键帧，而 actions 图层包含了 ActionScript 代码，为"舞台"底部一栏按钮提供事件处理程序。

如果您已完成第 8 课，您应该熟悉此时间轴的结构。底部行上的各个按钮已经被编码，使得当用户单击按钮时，播放头移动到视频图层中的相应的带标记的关键帧。您将在每个关键帧中插入内容。但首先您将学习如何使用声音。

9.4 使用声音文件

可向 Animate 中导入各种类型的声音文件。Animate 支持常用的 MP3 和 WAV 格式的文件。向 Animate 中导入声音文件时，将保存在库面板中。可在"时间轴"的不同位置上，将其从库面板中拖至"舞台"中央，以与"舞台"上发生的动作同步。

9.4.1 导入声音文件

下面，将向库面板中导入数个本课中要使用的声音文件。

1. 选择菜单"文件" > "导入" > "导入到库"。

2. 在 Lesson09/09Start/Sounds 文件夹中选中 Monkey.wav 文件，然后单击"打开"按钮。

这样，Monkey.wav 文件将会出现在库面板中。该声音文件有一个独特的图标，而且预览窗口会显示波形图，例如一系列代表声音的波峰和波谷。

3. 单击"库"预览窗口右上角的"播放"按钮，以播放该段声音文件。

4. 双击 Monkey.wav 文件左侧的声音图标。

此时，将会出现"声音属性"对话框，其中提供了关于该声音文件的各种信息，包括其原始文件所处位置、大小和其他属性。

5. 选择菜单"文件" > "导入" > "导入到库",然后选中其他声音文件,将其导入到 Animate 项目中。依次导入 Elephant.wav、Lion.wav、Africanbeat.mp3 和 Afrolatinbeat.mp3 这几个文件,这样,库面板中就包含了所有本课所需的声音文件。

> **An** **注意**：按住 Shift 键，可一次导入多个文件。

6. 在库面板中创建一个文件夹,并将所有声音文件放入其中以更好地组织文件。将文件夹命名为 sounds。

9.4.2　把音频放在"时间轴"上

可将声音放在"时间轴"的任一关键帧上，而 Animate 会在播放头抵达该处时播放声音。下面，会将一段声音放置在第 1 个关键帧，以便影片开始播放时就出现一段轻松、调节心情的音乐。

1. 在"时间轴"上选中 videos 图层。

2. 插入新图层，命名为 sounds。

3. 选中 sounds 图层的第 1 个关键帧。

4. 从库面板的 sounds 文件夹中将 Afrolatinbeat.mp3 文件拖至"舞台"中央。该声音的波形将会出现在"时间轴"上。

5. 选中 sounds 图层的第 1 个关键帧。在"属性"检查器中，注意到该声音文件出现在"声音"栏的下拉菜单中。

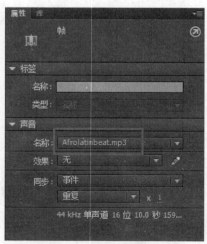

6. 在"同步"选项中选择"数据流"。

"同步"选项可决定声音如何在"时间轴"上播放。使用"数据流"同步，可将较长的音乐或解说音频放置在"时间轴"上。

7. 将播放头在"时间轴"上来回移动。此时，将会播放该声音文件。

8. 选择菜单"控制">"测试影片"。此时，该声音只会播放很短的一段时间。这是因为选择了"数据流"同步，因此只有在播放头沿着"时间轴"移动、剩余有充足的帧时才会播放该声音。而在第 10 帧时有一个停止动作，它会停止播放头，从而停止播放该声音。

理解"声音同步选项"

声音同步指的是声音被激发、播放的方式。通常有4个选项："事件"、"开始"、"停止"和"数据流"。"数据流"是将声音关联到"时间轴"上，以便将动画元素与声音同步。而"事件"和"开始"则用于以特定的事件（如单击按钮）来激发一段声音（通常是短促的声音）；"事件"和"开始"很相似，但是"开始"同步不会在已经播放声音时再触发声音，因此"开始"的同步方式不会有重叠声音。"停止"选项不常用，可用于停止一段声音。如果要在"数据流"同步时停止一段声音，只需简单地插入一个空白关键帧即可。

9.4.3 向"时间轴"添加帧

下面，要扩展"时间轴"，以便整个声音文件（或需要播放的部分）可以在停止动作将播放头停止之前播放完毕。

1. 在"舞台"上单击以取消选中"时间轴"，然后单击顶部的帧编号，将播放头移至第 1 帧~第 9 帧之间。

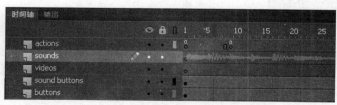

2. 选择菜单"插入">"时间轴">"帧"，或按 F5 键，在所有图层中的第 1 帧~第 9 帧插入帧。

3. 插入大约 50 个帧用于播放声音，以防在 actions 图层的第二个关键帧出现前停止动作。

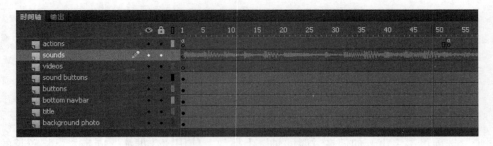

4. 选择菜单"控制">"测试影片"。

这样，声音播放的时间就会更长些，因为在播放头停止前有更多的帧用于播放声音。

9.4.4 剪切声音的末尾

导入的声音比需要播放的长度略长。下面，需要使用"编辑封套"对话框缩短该声音文件，然后应用淡出效果使声音在结束时逐渐减弱。

1. 选中 sounds 图层的第 1 个关键帧。

2. 在"属性"检查器中，单击"编辑声音封套"（铅笔状）按钮。此时，将打开"编辑封套"对话框，并显示声音文件的波形。上面和下面的波形分别是立体声的左、右声道。时间轴位于两个声道波形之间，预设效果的下拉菜单位于左上角，视图选项位于底部。

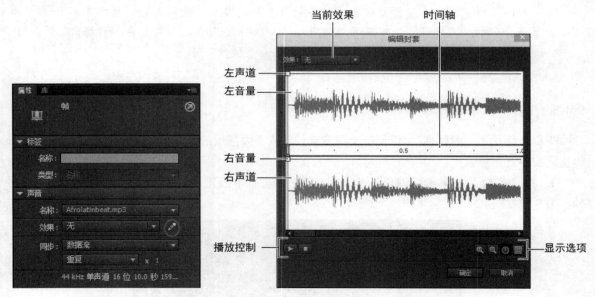

3. 在"编辑封套"对话框中，单击并选中"秒"图标。

这将把时间轴的单位从"帧"变为"秒"。单击"帧"图标即可再次转换单位。可以来回切换单位，这取决于要如何查看声音。

縮小
放大
秒
帧

4. 单击"缩小"图标，可观察整个波形。

波形大致为 240 帧，或约为 10 秒。

5. 将时间滑块的右端拖至大约第 45 帧。这样，就将声音文件从末尾剪短，所得声音播放大约为 45 帧。

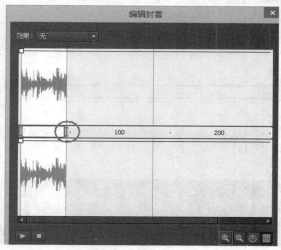

6. 单击"确定"按钮以完成该修改过程。

主"时间轴"上的波形表明声音已被截短。

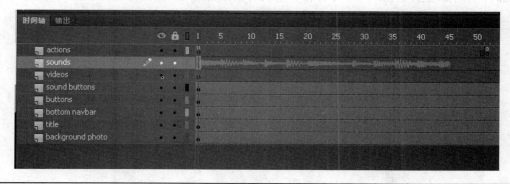

注意：在"编辑封套"对话框中进行的编辑是非破坏性的。这意味着缩短音频剪辑不会丢弃任何数据——它只是改变剪辑在电影中播放多少。如果您以后改变主意，可以随时再次延长剪辑。

9.4.5　更改音量

如果声音是淡出、而不是突然中断的话，效果会更好。可以在"编辑封套"对话框中，修改整个时间轴上的音量，可使用该对话框来制造淡入、淡出效果，或单独调整左声道、右声道的音量。

1. 选中 sounds 图层的第 1 个关键帧。

2. 在"属性"检查器中，单击"编辑声音封套"（铅笔状）按钮。这将出现"编辑封套"对话框。

3. 选择"帧"视图选项，然后放大波形以观察第 45 帧附近的情况。

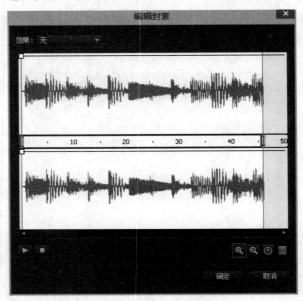

4. 在第 20 帧附近，单击上侧波形的顶部水平线。

此时，水平线上方将出现一个小方框，这表明该关键帧用于控制音量。

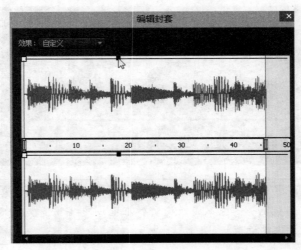

5. 在第 45 帧附近，单击上侧波形的顶部水平线，然后将其拖至窗口底部。

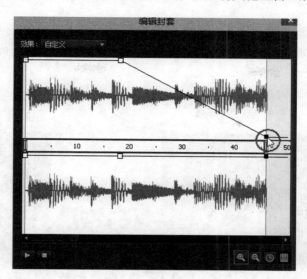

对话框中，向下的对角线表明音量从 100% 降至 0%。

6. 单击下侧波形对应的关键帧，将其向下拖至窗口底部。

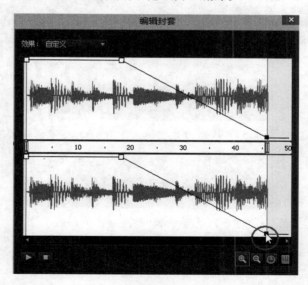

这样，左、右声道的音量将会从第 20 帧慢慢降低，直到第 45 帧，音量将为 0%。

7. 单击对话框左下角的"播放声音"按钮，以测试声音编辑的效果。单击"确定"按钮以完成该修改。

 注意：可在"编辑封套"对话框的下拉菜单中选择应用预设效果。其中就有常用的淡入、淡出效果。

音频分割

如果您想在时间轴上暂停流式音频，然后在稍后的时间点从停止的点恢复音频播放，您可以使用音频拆分。您不需要在本课程中拆分音频，但这里将告诉您如何做到。

要在时间轴上分割声音，声音必须处于同步流式传输。在要暂停音频的点选择帧;然后右键单击并选择分割音频。

您的声音将被拆分成两个流，由分割音频的点处的新关键帧指示。

在位于关键帧后面的帧上插入新的关键帧，您可以在其中拆分音频。

现在，移动包含音频下半部分的关键帧，并在分割之间创建间隙。

您的音频将播放，直到它到达空的关键帧，它将暂停。当播放头到达下一个具有分割音频的关键帧时，声音将恢复。

9.4.6 删除或更改声音文件

如果对"时间轴"上的声音不满意，可以在"属性"检查器中将其修改为另一个声音文件。

1. 选中 sounds 图层上的第 1 个关键帧。

2. 在"属性"检查器的"名称"下拉列表中选择"无"。这将会把声音从"时间轴"上删去。

3. 下面将要添加另一个声音文件。在"名称"中选中 Africanbeat.mp3。

这样，就将 Africanbeat.mp3 添加到"时间轴"上。而"编辑封套"对话框中剪切声音、淡出效果都已恢复默认设置（这是由于之前选择了"无"来移去 Afrolatinbeat.mp3 的声音）。可以返回"编辑封套"对话框，用之前的方法重新剪切声音，创建淡出效果。

9.4.7　将声音添加到按钮

在自助服务机中，按钮出现在"舞台"的左侧。下面，将声音添加到按钮，以便单击按钮时可以播放声音。

1. 在库面板中，双击 sound_button1 按钮元件图标。这将进入该按钮元件的元件编辑模式。

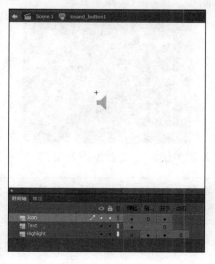

该按钮元件的 3 个图层可以帮助组织"弹起""指针经过""按下"和"单击"状态的内容。

2. 插入新图层，命名为 sounds。

3. 在 sounds 图层中选中"按下"关键帧，在该处插入一个关键帧。
这样，就在该按钮的"按下"状态出现了一个新的关键帧。

4. 从库面板中把 Monkey.wav 文件拖至"舞台"中央。这样，Monkey.wav 文件的声音波形就会出现在 sounds 图层的"按下"关键帧处。

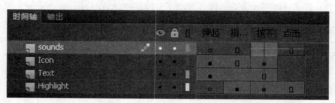

5. 在 sounds 图层选中"按下"关键帧。

6. 在"属性"检查器的"同步"选项中选择"开始"。

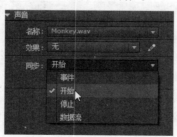

"开始"选项可在播放头进入该关键帧时就激发声音文件。

> **注意**：还可以将声音添加至按钮元件的"鼠标经过"状态，这样光标只要经过该按钮就会播放该声音。

7. 选择菜单"控制">"测试影片"。单击第一个按钮以测试猴子的声音，然后关闭该预览窗口。

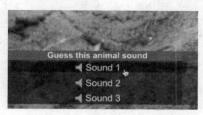

8. 编辑 sound_button2 和 sound_button3，依次将 Lion.wav 和 Elephant.wav 添加至它们各自的"按下"状态。

9.5 了解 Animate 视频

Animate 使得提供视频变得很容易。结合视频与各种互动性、动画元素，可以为网站用户创建出丰富多变的多媒体观赏效果。

部署视频取决于您是在 ActionScript3.0、AIRforDesktop、AIRforAndroid、AIRforiOS 或 HTML5Canvas 文档中工作。

9.5.1 带有 ActionScript3.0 或 AIR 文档的视频

如果您在 ActionScript3.0 或 AIR 文档中工作，就像您在本课程中一样，您有两种显示视频的选项。第一个选项是使用 FLVPlayback 组件播放视频。Animate 中的组件是一个可重用的打包模块，可为 Animate 文档添加特定功能。此组件是一个特殊的小部件，用于舞台上播放外部视频。

使用 FLVPlayback 组件可以让视频与 Animate 文件分离。如果视频剪辑很短，则推荐第二种方法，将该视频嵌入到 Animate 文件中。

9.5.2 带有 HTML5Canvas 文档的视频

如果要在 HTML5Canvas 文档中显示视频，请使用 Animate 的视频组件。视频组件（例如针对 ActionScript3.0 文档的），提供了一个指向正确的外部视频文件和更改播放参数的简单的界面。

9.5.3 视频编码

无论您使用哪种方法播放视频，Animate 需要首先对视频进行正确编码。要使用 Animate 的播放组件播放视频，视频必须采用 H.264 标准编码。H.264 标准是一种视频编解码器，可提供高质量及非常高效的视频压缩能力。编解码器（压缩 - 解压缩）是计算机用于压缩视频文件以节省空间然后解压缩以播放它的方法。H.264 编解码器用于 MP4 视频文件（非常常见），因此 MP4 视频可用于 ActionScript3.0、AIR 和 HTML5Canvas 文档。

如果要在视频的 ActionScript3.0 或 AIR 文档中嵌入视频，那么视频必须是 FLV 文件，一种使用不同编解码器的较旧的文件格式。嵌入视频是一种较不常见的处理视频的方式，因此您使用视频的大部分工作都将使用通过 H.264 编码的 MP4 文件完成。

注意：要将视频转换为 FLV 格式，必须使用比 2014 版更旧的 AdobeMediaEncoderCC（AME）版本。AMECC 和旧版本的独立版本不可下载，但您可以使用 AdobeCreativeCloud 订阅下载 AdobePremiereProCC 或 CS6，其包含 AME 的副本。

9.6 使用 AdobeMediaEncoderCC

可通过使用 AdobeMediaEncoderCC 将视频文件转化为合适的格式。该应用程序独立于 AnimateCC，可转化单个或多个文件（批处理）从而让整个工作流程更快速便捷。

9.6.1 向 AdobeMediaEncoder 添加视频文件

将视频文件转化为兼容的 Animate 格式，首先要做的是向 AdobeMediaEncoder 中添加视频文件以便编码。

1. 启动 AdobeMediaEncoder，它是与 AdobeAnimateCC 一起安装的。

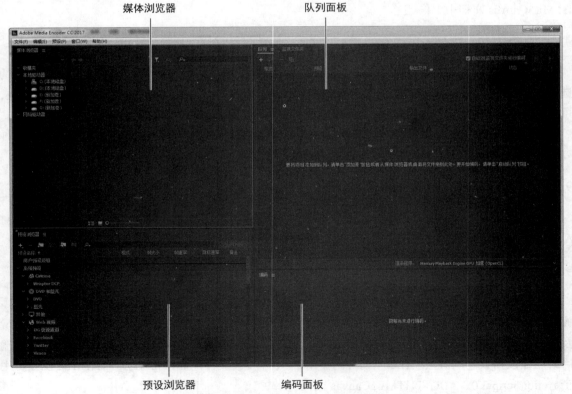

媒体浏览器　　　　队列面板

预设浏览器　　　编码面板

开始界面左上角窗口中显示的队列（编码文件列表）是当前已添加的待处理视频文件，现在该窗口是空的；编码面板中显示了正在被处理的视频文件；监视文件夹中是已被批处理的各个文件夹；预设浏览器可选择各种常见的预设选项。

2. 选择菜单"文件">"添加源"，或单击"队列"面板中的"添加"（加号形状）按钮。

此时，将会出现一个可用于选择视频文件的对话框。

3. 导航到 Lesson09/09Start 文件夹，选中 Penguins.mov 文件，然后单击"打开"按钮。将 Penguins.mov 文件添加到队列面板中，并随时可将该文件转化为需要的视频格式。

 注意：也可将该文件直接从桌面拖至队列面板。

 注意：在 AdobeMediaEncoder 中，默认情况下，应用程序空闲时，队列并不会自动开始。可选择菜单"编辑">"首选项">"常规"，然后勾选"空闲时间超过后面的设定时自动开始排队"复选框。

9.6.2 将视频文件转换为 Animate 视频

转换视频文件很容易，所需的时间取决于原始视频文件的大小和计算机的处理速度。

1. 在格式下的第一列中，使用默认值，H.264。H.264 是一种广泛接受的网络视频编解码器，可与 Animate 的视频组件配合使用。

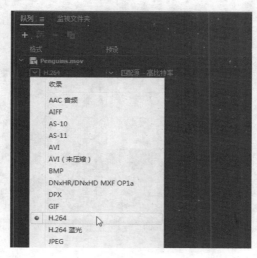

2. 单击预设列中的箭头打开预设菜单。

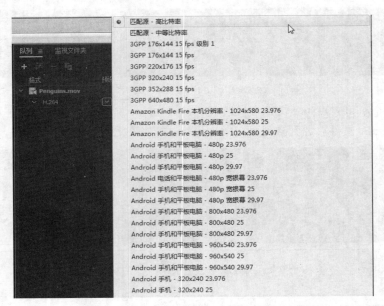

视频预设基于特定的回放平台和设备来确定视频的尺寸和视频的质量。将当前选择保持在**匹配源——高比特率**。

3. 单击刚才选择的预设的名称。

"导出设置"对话框出现,其中包含用于裁剪、调整大小、剪切以及许多其他视频和音频选项的高级设置。调整企鹅视频的大小,以便它符合您的动物园项目的舞台大小。

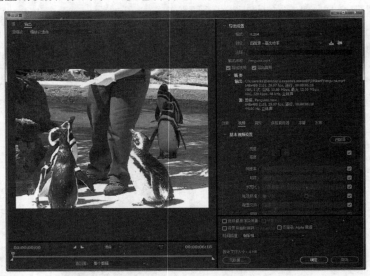

4. 单击视频选项卡。取消选择**匹配源**以允许调整视频大小,并输入"432"作为宽度。单击字段外部以接受更改。

因为选择了约束比例选项（链接图标），Animate 会将高度修改为 320，以保持视频比例一致。

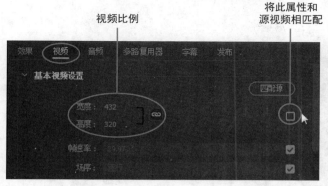

5. 单击"确定"。

Animate 将关闭"导出设置"对话框，并保存高级视频和音频设置。

6. 单击"输出文件"列下的链接。

出现"另存为"对话框。您可以选择将转换后的文件保存在计算机上的其他位置，或选择其他文件名。您的原始视频不会以任何方式删除或更改。对于此练习，单击取消。

7. 单击右上角的开始队列按钮（带有绿色三角形图标）。

AdobeMediaEncoder 开始编码过程。编码面板显示操作的进度（以及视频的预览）和编码设置。

 注意：要了解如何自动处理多个视频，请参阅本课"补充"中的"使用文件夹面板和预设浏览器设置"。

编码过程完成后，"完成"将出现在"队列"面板的"状态"列中。

现在，您的 Lesson09/09Start 文件夹中包含 Penguins.mp4 文件以及原始的 Penguins.mov 文件。

 注意：您可以通过在显示列表中选择文件并选择"编辑">"重置状态"或"编辑">"跳过选择"来更改"队列"面板中单个文件的状态。重置状态从已完成的文件中删除完成标签，以便可以再次编码，而跳过选择使 Animate 在队列中有多个文件时跳过该特定文件。

9.7 了解编码选项

转换原始视频时可以自定义各种设置，如裁剪视频、调整其大小以适应各种分辨率，仅转换视频的某一片段，调整其压缩类型和程度或对视频应用滤镜。要显示这些编码选项，选择菜单"编辑">"重置状态"，可重置 Penguins.mov 文件，然后在显示列表中单击"格式"或"预设"选项。

也可以选择菜单"编辑">"导出设置"，以显示"导出设置"对话框。

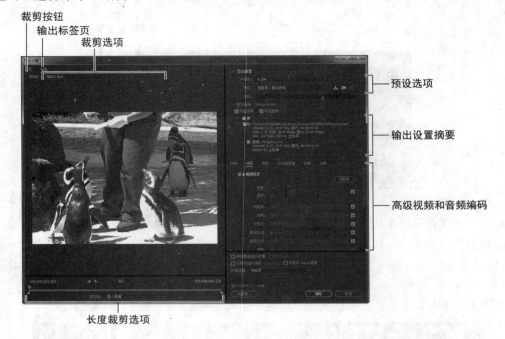

裁剪按钮
输出标签页
裁剪选项
预设选项
输出设置摘要
高级视频和音频编码
长度裁剪选项

9.7.1 调整视频的长度

视频可能会在开端或末尾有不需要的片段，可以从任意一端剪除镜头，以调整整个视频的长度。

1. 单击并在视频条中拖动播放头（位于顶部的蓝色标记），预览一些连续镜头。

将播放头置于视频需要的起点处即可。时间标记表明当前已消逝的时间长度。

2. 单击"设置入点"三角形图标。该"入点"将会移至播放头当前所在的位置。

3. 将播放头拖至视频所需的结束点。

4. 单击"设置出点"图标。这将把"出点"移至当前播放头所在的位置。

5. 也可以简单地拖动"入点"和"出点"标记来括住想要的视频片段。在"入点"和"出点"之间呈高亮显示的视频就是原始视频中唯一一段将会进行编码的片段。

An | **注意：**可使用键盘的左向键或右向键，逐帧前移或后移，以进行更精确的控制。

6. 将"入点"和"出点"分别拖回各自的原始位置，或在"源范围"下拉列表中选择"整个剪辑"，这是因为在本课中并不需要修改视频的长度。

9.7.2 设置高级视频和音频选项

"导出设置"对话框右侧包含了关于原始视频的信息，以及导出设置的摘要。在顶部的"预设"菜单中可选择一个预设选项。在底部，可以通过单击各个标签导航到高级视频和音频编码选项。最底部，Animate 显示了最终输出文件的大小。

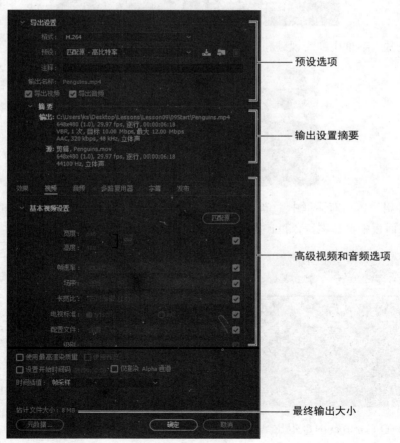

预设选项

输出设置摘要

高级视频和音频选项

最终输出大小

9.7.3 保存高级视频和音频选项

如果您要对许多视频应用相同的设置，则保存高级视频和音频选项非常有意义。您可以在 AdobeMediaEncoder 中执行此操作。保存设置后，您可以轻松将其应用到队列中的其他视频。

1. 在"导出设置"对话框中，单击"保存预设"按钮。

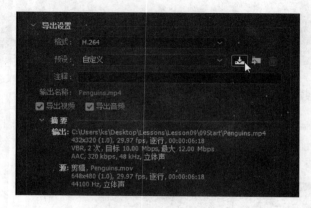

2. 在打开的对话框中，为视频和音频选项提供一个描述性名称。单击"确定"按钮。

3. 在"导出设置"对话框中，单击"确定"返回到视频队列。您可以通过从"预设"菜单或"预设浏览器"面板中选择项目，将自定义设置应用于其他视频。

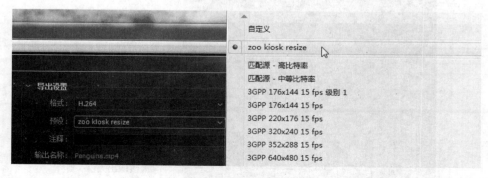

4. 按 Ctrl+Q/Command+Q 退出 AdobeMediaEncoder。

9.8 外部视频回放

目前，已经成功地将视频转换为 Animate 可兼容的正确格式，那么就可以在 Animate 的动物园自助服务机项目中使用它了。下面，要使 Animate 在"时间轴"上不同标签的关键帧中播放每个动物视频。可以让这些视频位于 Animate 项目外部，这样可以使整个 Animate 项目尺寸更小些，还可对视频独立编辑，另外，这些视频还能在 Animate 项目中设置为不同的帧速率。

1. 在 AnimateCC 中打开 09_workingcopy.fla 工程。

2. 在 videos 图层，选中标签为 penguins 的关键帧。

3. 选择菜单"文件" > "导入" > "导入视频"。此时，将出现"导入视频"向导。导入视频向导可逐步地指导如何向 Animate 中添加视频。

4. 在"导入视频"向导中，勾选"在您的计算机上"，然后单击"浏览"按钮按钮。

5. 在出现的对话框中，从 Lesson09/09Start 文件夹选中 Penguins.mp4 文件，单击"打开"按钮。对话框中将会出现该视频文件的路径。

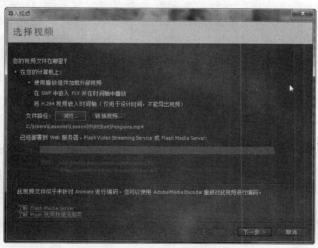

6. 选择"使用播放组件加载外部视频"选项。单击"下一步"或"继续"按钮。

7. 在"导入视频"向导的下一个步骤中，可以选择外观或视频的界面控件。在"外观"菜单中，选中第 3 个选项 MinimaFlatCustomColorPlayBackSeekCounterVolMute.swf。

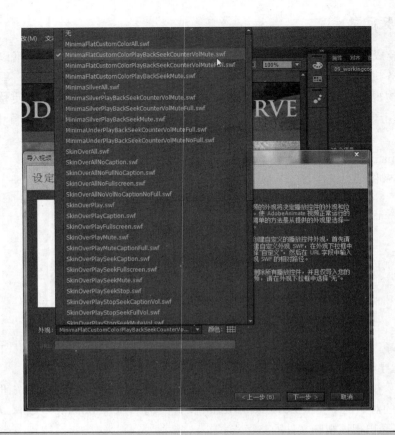

> **An** **注意**：视频的外观将决定播放控件的外观和位置。可使用 AdobeAnimate 提供的预设外观，也可在该菜单顶部选择"无"。

外观分为 3 大类。以"Minima"开始的外观是 Animate 的最新设计，包括带有数字计算器的选项；以"SkinUnder"开始的外观则是出现在视频下面的控件；以"SkinOver"开始的外观是覆盖在视频底部边缘的控件。外观及其控件的预览都会在预览窗口中出现。

8. 选择颜色值 #333333 以及 75% 的 Alpha 值。单击"下一步"或"继续"按钮。

9. 在"导入视频"向导的下一个步骤中，确保各个关于视频文件的信息，然后单击"完成"按钮以置入视频。

10. 在"舞台"上将会出现带有所选外观的视频。将该视频放在"舞台"的左侧边缘。

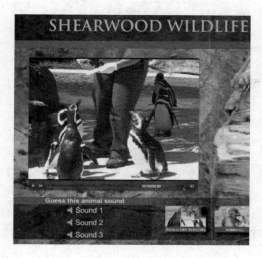

此时，库面板中将会出现一个 FLVPlayback 组件。该组件是在"舞台"上用于播放外部视频的一种特殊组件。

11. 选择菜单"控制" > "测试影片"。在最初的音乐后，单击 MagellanicPenguins 按钮。

此时，FLVPlayback 组件将会播放外部的企鹅视频，它的外观则是在"导入视频"导向中所设置的样子。视频播放完后关闭预览窗口。如果视频无法播放，请检查以确保 MP4 视频文件与 FLA 文件在同一文件夹中。在"属性"面板的"组件参数"部分中，"源"项指示视频文件的路径。

12. 其他动物视频已进行了编码（FLV 格式），位于 09Start 文件夹中。向与其对应的关键帧分别导入 Mandrill.flv、Tiger.flv 和 Lion.flv 视频文件，并选择与之前 Penguins.f4v 视频相同的外观。

 注意：虽然在 ActionScript3.0 文档中播放视频的组件称为 FLVPlayback，但它播放 H.264 编码视频（MP4），而不是 FLV 视频。

 注意：在 Animate 中不能预览视频，只能选择菜单"控制">"测试影片"来测试影片，以在视频组件中观察视频的播放情况。

 注意：视频文件 09-workingcopy.swf 文件和外观文件都是动物园项目工作所需的。外观文件发布在与 SWF 文件相同的文件夹中。

控制视频回放

FLVPlayback 组件可以控制播放哪个视频、是否自动播放该视频以及一些其他控制回放的选项，这些选项可在"属性"检查器中进行设置。在"舞台"上选中 FLVPlayback 组件，展开"属性"检查器的"组件参数"栏。

左侧栏罗列了各种属性，分别与右侧栏的各值一一对应。选中"舞台"上的任一视频，然后在以下选项中进行选择。

- 要修改 autoPlay 选项，可取消选中其复选框。选中该框时，视频将自动播放；取消选中它后，视频将在第 1 帧处暂停。
- 要隐藏控件，并只在光标经过视频时显示该控件，可选中 SkinAutoHide 选项的复选框。
- 要选中一个新控件（外观），可单击外观文件的名称，并在出现的对话框中选择一种新外观即可。
- 要修改外观的透明度，可为 skinBackgroundAlpha 输入一个 0（完全透明）~ 1（完全不透明）的小数值。
- 要修改外观的颜色，可单击色片，并为 skinBackgroundColor 选择一种新颜色。
- 要修改视频文件或 Animate 要播放的视频文件位置，单击 source 按钮即可。在出现的"内容路径"对话框中，输入新文件名称或单击文件夹图标以选择新的播放文件，该路径将会与创建的 Animate 文件位置关联起来。

使用HTML5Canvas视频组件

要在HTML5Canvas文档中显示视频，请使用视频组件，该组件与您在先前任务中了解的FLVPlayback组件非常相似，可以在AIR或ActionScript3.0文档中显示视频。

您必须自己从"组件"面板将视频组件添加到舞台。与ActionScript3.0或AIR文档相反，没有导入向导可带您完成添加视频的步骤。但这个过程很简单。

要在HTML5Canvas文档中添加视频，请打开"组件"面板（"窗口">"组件"），然后展开"视频"类别。

将"视频"组件从"组件"面板拖动到舞台。"属性"面板在"组件参数"部分中显示使用视频组件进行视频播放的属性。

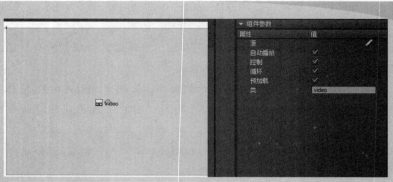

在"属性"面板的"组件参数"部分中，单击源旁边的"编辑"按钮（铅笔图标）。

内容路径对话框打开。输入H.264编码视频文件（.mp4）的路径，或选择文件夹图标导航到计算机上的视频文件。

Animate会检索视频的正确尺寸。使用"属性"面板中的播放和UI选项更改视频从浏览器播放的方式。

9.9 处理视频及其透明度

对于 Animate 中的多个动物视频，可以在前景中显示动物的完整画面，并在背景中显示舒适的环境。但有时却需要使用并不包含背景的视频文件。对于本课中的示例，动物园管理人员是在一个绿色屏幕前拍摄的，并使用 AdobeAfterEffect 删去了该绿色屏幕。那么在 Animate 中使用该视频时，动物园管理员就会仿佛出现在 Animate 的背景前面，这和新闻气象预报人员播放新闻时相似，其中视频的背景完全透明，可以显示播报员身后的气象图。

视频中的透明度（称为 Alpha 通道）仅支持使用 On2VP6 编解码器的 FLV 格式。虽然 AdobeMediaEncoderCC 中不再支持 FLV 格式，但以前版本的 MediaEncoder 仍可导出为 FLV。在使用 AdobeMediaEncoder 先前版本的 Alpha 通道编码视频时，请务必选择"编辑">"导出设置"，单击"视频"选项卡，然后选择"编码 Alpha 通道"选项。

下面，将向 Animate 中导入已是 FLV 格式的视频文件，以利用回放组件显示。

导入视频片段

1. 插入新图层，命名为 popupvideo。

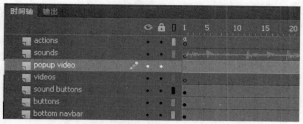

2. 在第 50 帧和第 86 帧分别插入关键帧。

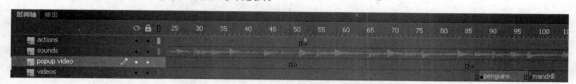

在停止动作（第 50 帧）出现的同时，把动物园管理员的视频放在初始介绍性音乐的末端。而第 86 帧的关键帧则确保动物视频出现时，动物园管理员的视频从"舞台"上消失。

3. 选中第 50 帧的关键帧。

4. 选择菜单"文件">"导入">"导入视频"。

5. 在"导入视频"导向中，勾选"在计算机上"后单击"浏览"按钮。选中 Lesson09/09Start 文件夹中的 Popup.flv 文件，然后单击"打开"按钮。

6. 选择"使用播放组件加载外部视频"选项，然后单击"下一步"或"继续"按钮。

7. 在"外观"菜单中选中"无"，单击"下一步"或"继续"按钮。

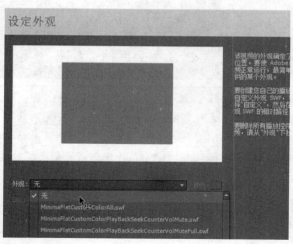

8. 单击"完成"以置入视频。

动物园管理员的视频将出现在"舞台"上，且是透明的背景。移动该视频，使其下边缘与导航栏的上边缘对齐。在"属性"检查器中将 x 值设为 260。

9. 选择菜单"控制">"测试影片"。在初始音乐结束后，就将出现动物园管理员，他会有个简短的介绍。如果单击任意一个动物视频按钮，就会从"时间轴"上删去该弹出式视频。如果您的视频无法播放，请确保您的视频文件位于 FLA 项目文件所在的文件夹中。

注意：如果在导航到另一个关键帧的视频时，还没有停止前一个视频，那么音频就可能会重叠。要阻止这种重叠，可以使用 SoundMixer.stopAll() 命令以便在开始新视频前停止所有声音。在 09_workingcopy.fla 文件 actions 图层的第 1 个关键帧中，它的 ActionScript 代码包含了合适的代码，用于在导航到新的动物视频之前停止所有声音。

9.10 嵌入 Animate 视频

在上一节中，您使用 FLVPlayback 组件播放以 H.264 编码的 MP4 格式外部视频。在 Animate 中集成视频的另一种方法是使用嵌入式视频。嵌入式视频需要较旧的 FLV 格式，并且只适合于非常短的剪辑。FLV 文件保存在库中，当您要将其放置在时间轴上时，可以从"库"面板中将其拖动。只要时间轴上有足够的帧，视频就会播放。

请记住嵌入式视频的以下限制：Animate 无法在运行超过 120 秒的嵌入式视频中维持音频同步。

嵌入电影的最大长度是时间轴的最大长度，即 16,000 帧。嵌入视频的另一个缺点是 Animate 项目的大小将增加，这使得测试电影（"控制" > "测试"）的过程更长，创作过程更加繁琐。

因为嵌入式 FLV 在 Animate 项目中播放，所以至关重要的是，您的 FLV 具有与 Animate 文件相同的帧率。如果没有，嵌入视频将无法以其预期的速度播放。要确保 FLV 具有与 FLA 相同的帧速率，请务必在 AdobeMediaEncoder 的"视频"选项卡中设置正确的帧速率。由于 AdobeMediaEncoderCC2014 或更高版本不支持 FLV 格式，因此必须使用先前版本的 AdobeMediaEncoder 将视频文件转换为 FLV。在本节中，已为您准备好 FLV 格式的视频文件。

9.10.1 在"时间轴"上嵌入 FLV 视频

下面，将把 FLV 格式的视频导入到 Animate 中，将其嵌入到"时间轴"上。

1. 打开 09_workingcopy.fla 文件，在 popupvideo 图层上选中第 1 帧。

2. 选择菜单"文件" > "导入" > "导入视频"。在"导入视频"向导中，勾选"在您的计算机上"并单击"浏览"按钮。在 Lesson09/09Start 文件夹内选中 polarbear.flv 文件，然后单击"打开"按钮。

3. 在"导入视频"向导中，选中"在 SWF 中嵌入 FLV 并在时间轴中播放"选项，然后单击"下一步"或"继续"按钮。

4. 取消选中"如果需要，可扩展时间轴"和"包括音频"选项。单击"下一步"或"继续"按钮。

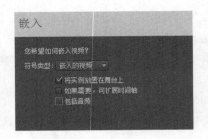

5. 单击"完成"按钮以导入该视频。

此时，北极熊的视频将出现在"舞台"上。使用"选择"工具将其移动至"舞台"的左侧。

此时，该 FLV 视频也会出现在库面板中。

> **An** **注意**：这段北极熊的视频并不包含音频。如果视频本身包含音频，在创建环境中无法听到该音频。要听视频中的音频，选择菜单"控制">"测试影片"即可。

6. 选择菜单"控制">"测试影片"，以观察嵌入视频从第 1 帧播放到第 49 帧的情况。

9.10.2 使用嵌入的视频

可将嵌入的视频当作一个多帧的元件。可将嵌入的视频转换为影片剪辑元件，然后对其应用一个补间动画，以创建一些有趣的效果。

下面，要向嵌入的视频应用一个补间动画，以便在动物园管理员出现、说话时，嵌入的视频可以有淡出效果。

1. 在"舞台"上选中嵌入的北极熊视频，用鼠标右键单击或按 Ctrl 键 + 单击该视频，从出现的菜单中选择"创建补间动画"。

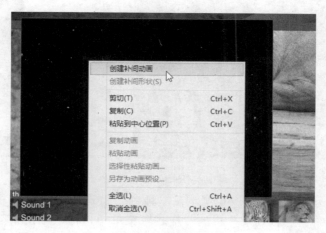

2. Animate 会出现对话框，询问是否将嵌入的视频转换为元件以便能够应用补间动画。单击"确定"即可。

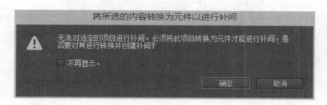

3. Animate 需要在影片剪辑元件中添加充足的帧，以便整个视频可以完整播放。单击"是"按钮。

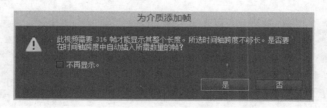

这样，Animate 将会在该图层上创建一个补间动画。

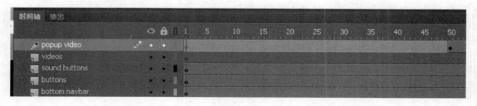

4. 用鼠标右键单击或按 Ctrl 键 + 单击 popup video 图层的第 30 帧，在出现的菜单中单击"插入关键帧" > "全部"，或直接按 F6 键。

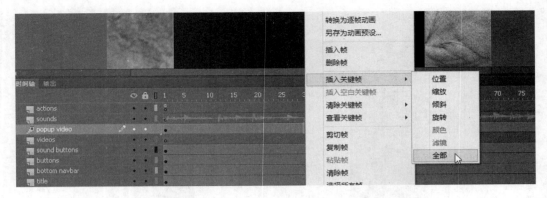

这样，Animate 就在第 30 帧插入一个关键帧。

5. 此时让播放头仍停留在第 30 帧，在"舞台"上选中包含嵌入视频的影片剪辑。在"属性"检查器面板的"色彩效果"栏的"样式"菜单中选择"Alpha"，并将 Alpha 值设为 100%。

Animate 在第 30 帧的原始 Alpha 值就是 100%。

6. 将"时间轴"上的播放头移动到第 49 帧。

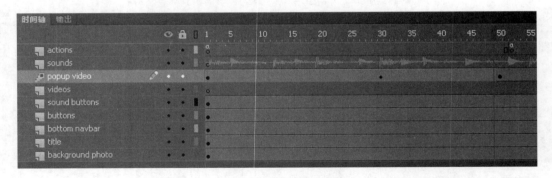

7. 在"舞台"上选中包含了嵌入视频的影片剪辑。在"属性"检查器面板的"色彩效果"栏的"样式"菜单中选择"Alpha"，并将 Alpha 值设为 0%。

这样，Animate 在第 49 帧插入了关键帧，并将所选影片剪辑的 Alpha 值设为 0%。于是，该实例就从第 30 帧～第 49 帧出现了淡出效果。

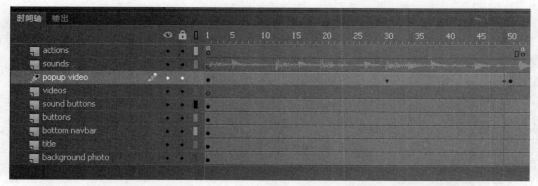

8. 选择菜单"控制">"测试影片",以观察嵌入视频的播放情况和淡出效果。

这样,就完成了整个互动式的动物园触屏项目。

复习题

1. 如何编辑一个声音片段的长度?
2. 什么是视频的外观?
3. 嵌入视频片段的限制是什么?
4. 如何将一个 Animate 动画导入到一个与特定设备兼容的视频中去?

复习题答案

1. 要编辑一个声音片段的长度,可选中包含它的关键帧,在"属性"检查器中单击铅笔状的"编辑声音封套"按钮。然后在出现的"编辑封套"对话框中移动时间滑块,以便从文件的开头或末尾裁剪声音。
2. 外观是视频控件的功能和外貌的组合,如"播放"、"快进"和"暂停"按钮。可以将按钮放在不同的位置,以得到各种组合效果;可以使用不同的颜色或透明度来自定义外观。如果不需要控制视频,还可以在"外观"菜单中选择"无"选项。
3. 嵌入视频片段后,它将成为 Animate 文档的一部分,包含在"时间轴"上。这样将会极大地增加 Animate 文档所占内存的大小,还会引起音频不同步的问题。因此,要嵌入视频,该视频需要简短,且不包含音轨。
4. 在 AnimateCC 中,要将动画导出,使之成为一段视频,可选择菜单"文件" > "导出" > "导出视频"。在这一过程中,可以自行设定各种编码选项,选择适合各种平台的"预设"选项,具体如 AmazonKindle、BarnesandNobleNook、AppleiPhone、Android 以及一些其他的设备。

第10课 发布

10.1 课程概述

- 了解运行时环境
- 了解不同 Animate 文档类型的输出文件
- 修改发布设置
- 为 HTML5 动画创建传统补间
- 在"动作"面板中插入和编辑 JavaScript
- 使用 HTML5 Canvas 代码段
- 将现有的 ActionScript 3.0 文档转换为 HTML5 Canvas 文档
- 为桌面发布 Adobe AIR 应用程序
- 发布适用于 Windows 和 Mac 操作系统的放映文件
- 在 AIR Debug Launcher 中测试移动交互
- 了解针对 iPhone 或 Android 手机的发布

学习该课程需要大约 90 分钟。

使用 Adobe Animate CC 中的各种文
档类型来创建面向各种平台和用途的内容，
包括用于 Web 浏览器的 HTML5 多媒体，
适用于 Flash Player 的多媒体，桌面应用程
序，高清视频或移动设备应用程序。可以
在利用 Animate 的强大和熟悉的动画和绘
图工具的同时，让您的内容随处可见。

351

10.2 了解发布

发布指的是为观众创建所需的一个或多个文件以播放最终 Adobe Animate CC 项目的过程。请注意，Animate CC 是创作所用的应用程序，它与观众体验电影时的环境不同。在 Animate CC 中，您在创作内容，这意味着您正在创建艺术和动画，以及添加文字、视频、声音、按钮和代码。在目标环境（例如桌面浏览器或移动设备）中，观众在播放或运行时会观看内容。因此，开发人员需要区分"开发时"（authortime）和"运行时"（runtime）环境。

Animate 可以将内容发布到各种运行时环境，并且您所需的运行时环境决定了首次开始项目时必须选择的 Animate 文档。

10.2.1 文档类型

您在第 1 课中了解了各种 Animate 文档类型，并且在本书的所有项目中使用过其中的几个。例如，您为第 2 课创建了一个 HTML5 Canvas 文档，为第 8 课创建了一个 ActionScript 3.0 文档，为第 9 课创建了一个 AIR for Desktop 文档。每个项目为其目标运行时环境发布一组不同的文件，但每个项目都保存作为您在 Animate CC 中编辑的 FLA 或 XFL（Animate）文件。

在本课中，您将更详细地了解文档类型的发布选项。您将学习交互式 HTML5 Canvas 动画，以及学习创建桌面应用程序。

10.2.2 运行时环境

如果将 ActionScript 3.0 文档发布到 SWF 并在桌面 Web 浏览器中使用 Flash Player 播放，则 Flash Player 是该 ActionScript 3.0 文档的运行时环境。 Flash Player 23 是最新版本，支持 Animate CC 中的所有新功能。可从 Adobe 网站上获得所有主要浏览器和平台的 Flash Player 免费插件。在 Google Chrome、Internet Explorer 和其他设备中，Flash Player 已预安装并自动更新。

如果要定位 Web 浏览器而不需要 Flash Player，则使用 HTML5 Canvas 或 WebGL 文档开始您的 Animate 项目。要将交互性集成到 HTML5 Canvas 文档中，您需要使用 JavaScript 而不是 ActionScript。您可以直接在"动作"面板中添加 JavaScript 或使用 HTML5 Canvas 代码段。

 注意：ActionScript 3.0 文档还支持将内容作为 Macintosh 或 Windows 的放映文件发布。放映文件作为桌面上的独立应用程序，无需浏览器。

Adobe AIR 是另一个运行时环境。AIR（Adobe Integrated Runtime）直接从桌面运行内容，而无需使用浏览器。当您为 AIR 发布内容时，可以将其作为创建独立应用程序的安装程序使用，或者可以使用已安装的运行时（称为"捕获运行时"）构建应用程序。

您还可以将 AIR 应用程序发布为可在 Android 设备和 iOS 设备上安装和运行的移动应用程序，如 Apple iPhone 或 iPad，其浏览器不支持 Flash Player。

10.2.3　为 Flash Player 发布

当您使用 ActionScript 3.0 文档发布 Flash Player 时,将发布两个文件:SWF 文件和 HTML 文档,它们通知 Web 浏览器如何显示 SWF 文件。您需要将这两个文件与 SWF 文件引用的任何其他文件(例如任何视频文件和皮肤)一起上传到 Web 服务器。默认情况下,Publish 命令将所有必需的文件保存到同一文件夹。

您可以指定发布影片的不同选项,包括是否检测安装在观众计算机上的 Flash Player 版本。

清除发布高速缓存

当您通过选择"控制">"测试"生成SWF来测试ActionScript 3.0文档时,Animate会将项目中的任何字体和声音的压缩副本放入"发布"缓存中。当您再次测试电影时,Animate使用缓存中的版本(如果字体和声音未更改),以加快导出SWF文件。但是,您可以通过选择"控制">"清除发布缓存"来手动清除缓存。如果要清除缓存并测试影片,请选择"控制">"清除发布缓存并测试影片"。

10.2.4　指定针对 Flash Player 的发布设置选项

可自行决定 Animate 发布 SWF 文件的方式,如播放时所需求的 Flash Player 版本、影片显示和播放的方式等。

1. 打开 10Start_banner.fla 文件。

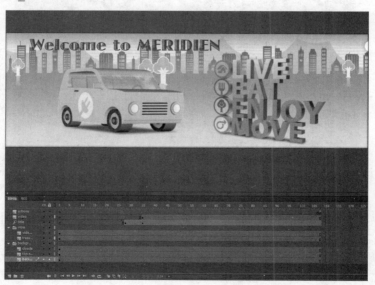

2. 选择菜单"文件">"发布设置",或直接单击"属性"检查器的"配置文件"栏中的"发布设置"按钮。

这时，将出现"发布设置"对话框。其顶部是常规设置，左侧是各种格式选项，而右侧则是所选格式的其他设置选项。此时，已经勾选了"Flash (.swf)"和"HTML 包装器"格式。

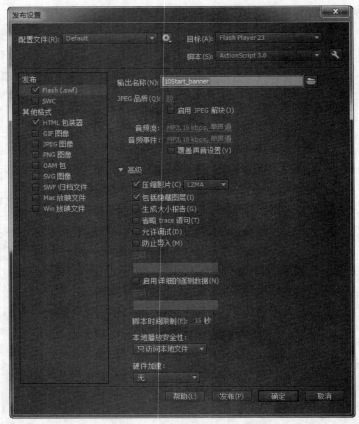

3. 在"发布设置"对话框顶部，选择一个 Flash Player 版本，最新版本是 Flash Player 23。

如果您不选择最新版本的 Flash Player，某些 Animate CC 功能将无法正常播放。只有当您定位到没有最新版本的特定受众群体时，才选择较早版本的 Flash Player。

4. 注意到"脚本"栏的设置是 Action Script 3.0，这是最新版本，也是 Animate CC 支持的唯一版本。

5. 在对话框的左侧选择"Flash (.swf)"格式。这时，SWF 文件的选项将会出现在对话框右侧。展开"高级"栏，可以看到更多选项。

6. 如果需要，还可修改输出文件的名称和位置。在本课示例中，将输出文件的名称保留为 10Start_banner.swf。

7. 如果影片中包含了位图，可为 JPEG 压缩等级设置一个全局图 11.8JPEG 品质参数，范围可以从 0（最低品质）~ 100（最高品质）。默认值为 80，在本课中保留即可。

> **An** **注意**：在每个导入的位图的"位图属性"对话框中，可以在"发布设置"中修改 JPEG 品质设置，也可以为该位图选择一个单独应用设置。这样就可以有针对性地发布高品质图像，如让高品质的人物图像与低品质的背景质地同时存在。

8. 如果影片中包含了声音，单击"音频流"或"音频事件"右侧的值，以修改音频压缩品质参数。

比特率越高，影片声音的音质就会更好。在这个交互海报影片中并没有声音，因此不需要修改其中的设置。

9. 确保勾选了"压缩影片"复选框，以减小文件尺寸和下载时间。

默认选项是 Deflate，而 LZMA 的 SWF 文件压缩程度更高。如果工程中包含了许多 Action Script 代码和矢量图像，就可以通过这一选项大量缩减文件的尺寸。

10. 在对话框的左侧勾选"HTML 包装器"选项。

11. 确保在"Template"（模板）菜单栏选择"仅 Flash"选项。

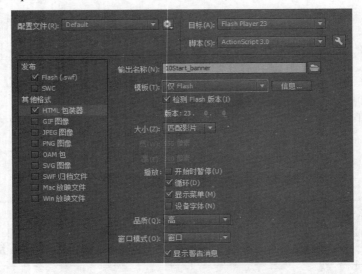

注意：一般来说，最好使用代码来控制 Animate 电影，而不是依赖"发布设置"对话框中的"播放"设置。

例如，如果要在开始时暂停影片，请在时间轴的第一帧中添加一个 this.stop() 的命令行；如果要电影循环播放，可以在时间轴的最后增加 this.gotoAndPlay（1）或 this.gotoAndPlay(0)的命令行。当您测试电影时(控制 > 测试),所有的功能将到位。

提示：在每个导入的位图的位图属性对话框中，您可以选择在"发布设置"对话框中使用 JPEG 质量设置，或选择该位图唯一的设置。这样，您就可以在需要的地方发布更高质量的图像（例如，在人物照片中），以及可以在其他地方使用低质量图像（例如在背景纹理中）。

10.3 针对 HTML5 的发布

HTML5 是用于为浏览器标记网页的 HTML 规范的最新版本。 HTML5、CSS3 和 JavaScript 是用于在桌面、手机和平板电脑上为网页创建内容的现代标准。在 Animate 中选择 HTML5 Canvas 文档类型，将会把 HTML5 定义为发布的运行时环境，并输出 HTML5 和 JavaScript 文件的集合。

10.3.1 什么是 HTML5 Canvas ?

Canvas 是指画布（canvas）元素，HTML5 中的一个标记，允许 JavaScript 呈现和动画处理 2D

图形。Animate CC 依赖于 CreateJS JavaScript 库来生成 HTML5 项目的 canvas 元素中的图形和动画。

10.3.2　什么是 CreateJS？

CreateJS 是一组 JavaScript 库，可通过 HTML5 实现丰富的互动内容。CreateJS 本身是几个单独的 JavaScript 库的集合：

EaselJS、TweenJS、SoundJS 和 PreloadJS。

- EaselJS 是一个库，它提供了一个显示列表，允许您使用浏览器中的画布上的对象。
- TweenJS 是一个提供动画功能的库。

 注意：要了解如何更改电影在用户浏览器中显示的方式，请参阅本课补充课程中的"更改显示设置"。

提示：要了解其他模板选项，请选择一个，然后单击信息。

- SoundJS 是一个库，提供在浏览器中播放音频的功能。
- PreloadJS 是一个管理和协调内容加载的库。

使用 CreateJS，Animate CC 会生成所有必要的 JavaScript 代码，以在舞台上表示您的图像、图形、符号、动画和声音。Animate 还输出依赖的资源。

- 传统补间需要一个独立的动作向导图层，以便沿着某个路径创建动画。
- 动画编辑器不支持传统补间。
- 传统补间不支持 3D 旋转或变换。
- 传统补间的各个补间图层并不是相互独立的，但是传统补间和补间动画都受到了一样的限制，那就是其他的对象不能出现在同一个补间图层上。
- 传统补间是基于"时间轴"的，而不是基于对象的。这说明需要添加、移动或替换"时间轴"上的补间或实例，而不是对"舞台"上的补间或实例进行操作。

学习使用传统补间创建动画将帮助您在发布到 HTML5 画布时可以让动画文件保持较小。

10.3.3　了解项目文件

打开 Animate 文件 10Start_build.fla，它是小鸟动画的 HTML5 Canvas 文档。将文件另存为 10_workingcopy_build.fla。该文件已包含小鸟动画的所需资源。动画已部分完成，并且小鸟动画影片剪辑的实例已放在舞台上。在本节中，您将使用传统补间添加滚动的背景动画，使用 JavaScript 添加简单的交互性，并将动画发布为 HTML 内容。

10.3.4　创建影片剪辑元件

您将在主时间轴上的影片剪辑元件中添加一个滚动的山脉的动画。

1. 在主时间轴上，插入一个新图层，并将其命名为 **landscape**。将新图层拖动到小鸟图层下方，但在天空图层上方。

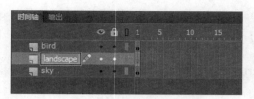

2. 选择"插入">"新建元件"（Ctrl + F8/ Command + F8）。

将显示"创建新元件"对话框。

3. 输入名称 **scrolling landscape**，然后从类型菜单中选择电影剪辑。

4. 单击"确定"。

新影片剪辑元件 **scrolling landscape** 以元件编辑模式打开。舞台为空白，表示影片剪辑元件当前为空。

5. 将"图库"面板中名为 mountains 的图形元件拖动到舞台，并使其左下角与影片剪辑元件的注册点对齐。在"属性"面板的"位置和大小"部分中，位置坐标应为 X =0，Y =-155.55。

6. 添加帧（插入 > 时间轴 > 帧或按 F5）到第 30 帧。

10.3.5　插入关键帧并更改实例

您将为山脉增加另一个关键帧，因此初始关键帧中山脉在其起始位置，而结束关键帧中山脉则移动到左边。

1. 在影片剪辑元件的第 1 层中选择第 30 帧，然后插入一个新关键帧（"插入">"时间轴">"关键帧"或 F6)。

在第 30 帧处插入包含山脉的实例副本的新关键帧。

2. 在第 30 帧，将山脉图形符号的实例向左移动，以便山脉的中点位于注册点的中心。"属性"面板应显示 X =-800。图形的左右边缘匹配，因此当动画循环播放时，效果是无缝滚动的山脉。

10.3.6 应用传统补间

将传统补间应用于时间轴两个关键帧之间。

1. 右键单击第一个和第二个关键帧之间的任意帧，然后选择"创建传统补间"。

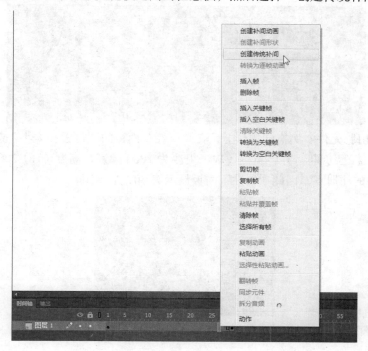

Animate 在第一个和第二个关键帧之间创建补间，由沿蓝色背景延伸的箭头指示。

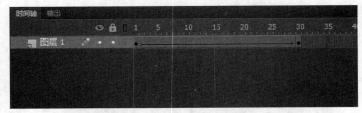

2. 按键盘上的 Enter / Return，或按时间轴下的播放按钮预览动画。

显示山从右到左平滑移动的动画开始播放。

3. 选择时间轴底部的循环，然后从"修改标记"菜单中选择"标记所有范围"，以循环方式播放时间轴补间。

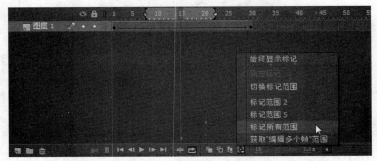

4. 要为动画添加更多的复杂性，您将添加第二层山脉。插入新图层，并将其拖动到现有图层下。

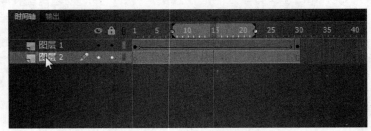

5. 将另一个山脉元件实例拖到舞台上，在"属性"面板的"位置和大小"部分中，确保"锁定宽度和高度"图标已折断，并将宽度（W）更改为 2000 像素，高度（H）200 像素。将实例的左下角定位在元件的注册点，因此"属性"面板显示 X =0，Y =-200。

现在您有两个山脉，较高和较宽的一个在第一个后面。

6. 在底层的第 30 帧处插入新的关键帧（"插入" > "时间轴" > "关键帧"或 F6）。

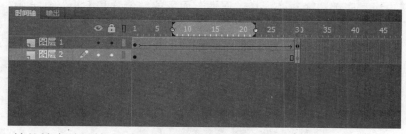

7. 在第 30 帧的结束关键帧中，将山脉实例移动到 x =-1000 处。

8. 右键单击第一个和第二个关键帧之间的任何帧，然后选择"创建传统补间"。

9. 按键盘上的 Return / Enter，或按时间轴下的播放按钮预览动画。选择循环选项以将补间循环播放。

第二个山脉实例从右到左移动，但它稍微偏离了前景中的山脉，从而创建了丰富的分层效果。放大到舞台，可使图形的边缘不可见；这将让您更好地实现无缝滚动的效果。

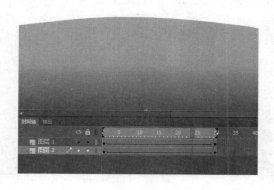

10. 退出元件编辑模式，返回主时间轴。

10.3.7 添加影片剪辑实例

滚动山脉的传统补间已经完成了，现在将添加影片剪辑元件到主舞台。

1. 将名为 scrolling landscape 的影片剪辑元件从"库"面板拖动到舞台上，使其左边和底部边缘与舞台的左边缘和底部边缘对齐。在"属性"面板的"位置和大小"部分中，值应为 X =0，Y =400。

2. 保存您完成的工作。

您的最终项目包含两个影片剪辑实例，每个实例包含多个传统补间。

10.4 导出到 HTML5

将动画导出到 HTML5 和 JavaScript 的过程非常简单。

1. 选择"文件" > "发布"。

Animate 将动画导出为 HTML 和 JavaScript 文件，并将它们保存在与 FLA 文件相同的文件夹中（根据默认的"发布设置"选项）。

2. 双击名为 10_workingcopy_build.html 的 HTML 文件。

10_workingcopy_build.fla   10_workingcopy_build.html   10_workingcopy_build.js

您的默认浏览器打开并播放动画。

> **An** | **注意**：该动画经由 Chris Georgenes（keyframer.com）授权许可使用。

支持的功能

HTML5 Canvas文档不支持所有Animate CC功能。幸运的是，"输出"面板会显示有关Animate文件中无法成功导出的任何功能的警告。

Animate还会禁用任何无法成功导出到HTML5和JavaScript的功能。例如，"工具"面板中的3D旋转和3D平移工具显示为灰色，表示HTML5滚动文档不支持3D旋转和平移。许多混合模式和一些滤镜效果也不受支持。

发布设置

通过"发布设置"对话框，您可以更改文件的保存位置和保存方式。

1. 单击"属性"面板中的"发布设置"，或者选择"文件">"发布设置"以打开"发布设置"对话框。

2. 在"基本"选项卡上，执行以下一项或多项操作。如果您希望时间轴只播放一次，请取消

选择循环时间轴。

　　单击"输出名称"字段旁边的文件夹图标，将已发布的文件保存到其他文件夹或不同的文件名。

　　如果要将资源保存到其他文件夹，请更改"导出资源选项"旁边的路径。如果文件包含图像，则必须选中图像复选框，如果文件包含声音，则必须选择声音。例如，如果您替换了 10_workingcopy_build.fla 文件天空图层中的位图图像的渐变填充，则在导出时 Animate 会创建一个名为 images 的文件夹，其中包含该位图图像。

　　选择中心舞台以在浏览器窗口中居中对齐 Animate 项目。您可以使用选项旁边的菜单选择将电影水平，垂直或两者均居中。

　　选择"使响应"（Make Responsive）以使 Animate 项目响应浏览器窗口维度中的更改，并使用选项旁边的菜单选择确定项目是否响应窗口高度，宽度或两者的更改。"缩放到填充可见区域"（Scale To Fill Visible Area）选项确定项目填充浏览器窗口中的可用空间的方式。

　　选择包括预加载程序（Include Preloader）。

3. 选择"高级"选项卡：

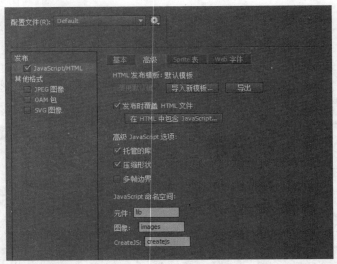

　　如果要发布包含所有必需 JavaScript 和 HTML 代码的单个文件，请选择"在 HTML 中包含 JavaScript"。如果选择此选项，Animate 将在每次发布时覆盖导出的文件。

　　如果要保留 HTML 文件，只需更改生成的 JavaScript 代码，请取消选择"在发布时覆盖 HTML 文件"。

　　Hosted Libraries 选项告诉您发布的文件在何处查找 CreateJS JavaScript 库。选择该选项时，已发布文件指向位于 http://code.createjs.com 的 CDN（内容分发网络）以下载库。当取消选择 Hosted Libraries 选项时，Animate 将 CreateJS JavaScript 库作为单独的文档包含在项目文件中。

　　将所有其他高级 JavaScript 选项保留为默认设置。

4. 选择 Sprite 表选项卡：如果要为导入到库中的所有位图创建单个图像文件，请选择将图像资源合并到 Sprite 表中。 HTML5 网页可以加载单个图像文件，并且比多个较小图像更快地检索图像的特定部分。

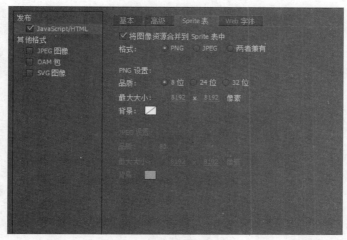

为导出的图像选择一个格式选项，并设置图像的质量，尺寸和背景颜色。如果您选择的尺寸太小，不适合您的库中的图像，Animate 将根据需要发布多个 Sprite 表。

5. 单击"确定"保存所有设置。

10.5 插入 JavaScript

如果要向项目添加交互性，可以直接在"动作"面板中添加 JavaScript。该 JavaScript 将导出到已发布的 JavaScript 文件。

10.5.1 使用 HTML5 Canvas 代码段

如果您不是一个 JavaScript 程序员，不要担心。 Animate CC 可以通过在"代码段"面板中提供常见且易于修改的 JavaScript 代码，让您轻松添加交互性。

注意：如果在基本选项卡上选择了"合并到 Sprite 表中"选项，在导出图像资源部分中，高级选项卡中"将图像资源合并到 Sprite 表"的选项也将被选中，反之亦然。

注意：您可以从 HTML5 Canvas 文档发布一个透明的舞台。在"属性"面板的"属性"区域中，对角红色线的选项表示"无颜色"。

10.5.2 添加单击响应

使用代码片段面板中的 HTML5 Canvas 代码段，与 AS3 代码段的方式一样。在本节中，您将添加简单的交互性，并使小鸟响应鼠标单击。

1. 选择"窗口">"代码片段"。

将打开"代码片段"面板。

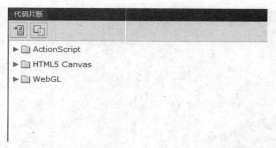

2. 单击 HTML5 Canvas 文件夹前面的箭头。

该文件夹将展开以显示根据其功能在文件夹中组织的代码段。

3. 打开"事件处理函数"（Event Handlers）文件夹。

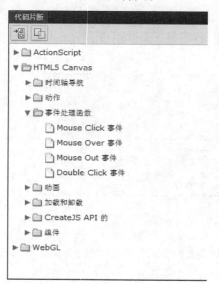

4. 在舞台上选择小鸟影片剪辑的实例；然后在"事件处理函数"文件夹中的"鼠标单击事件"中双击鼠标。

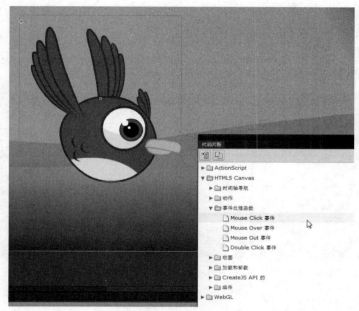

Animate 警告您，您的影片剪辑实例需要一个名称和并为您提供一个名称。

5. 单击"确定"。

Animate 自动为影片剪辑实例命名，并在"动作"面板中添加 JavaScript 代码。代码被广泛评论以解释代码的工作原理。

名为 Actions 的新图层将添加到时间轴中，并在第一个关键帧中包含一个小写字母"a"，表示时间轴上新代码的位置。

JavaScript 代码与以下内容非常相似：

```
this.movieClip_2.addEventListener("click",¬fl_MouseClickHandler.bind(this));

function fl_MouseClickHandler()
{
 // Start your custom code
 // This example code displays the words "Mouse clicked"¬
 in the Output panel.
 alert("Mouse clicked");
 // End your custom code
}
```

6. JavaScript 代码为小鸟实例添加了一个鼠标单击的事件监听器。当发生单击时，会触发 alert() 的 JavaScript 命令，这会在浏览器的警报对话框中显示一条简单消息。

7. 选择"控制" > "测试"以测试新插入的交互性。

Animate 导出 HTML5 和 JavaScript，并在浏览器中显示动画。

8. 在浏览器中单击小鸟。

将显示一个浏览器对话框，其中包含"已单击鼠标"字样。

9. 单击"确定"关闭对话框，然后关闭浏览器窗口。

10.5.3　控制时间轴

现在给您的项目增加一点复杂性。您将添加更多 JavaScript 来控制小鸟的时间轴。

1. 在舞台上选择小鸟影片剪辑。

2. 在"代码片断"面板的 HTML5 画布 > 操作文件夹中，双击"停止影片剪辑"片段。

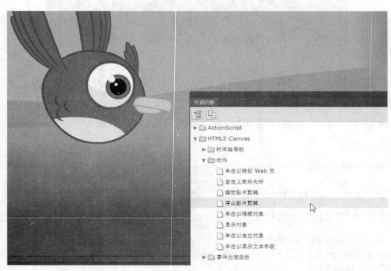

"动作"面板显示已将 JavaScript 代码添加到电影中。新代码停止了小鸟影片剪辑实例的时间轴。

但是，代码会立即触发。您希望只有当用户单击小鸟时，动画才停止。

3. 选择新插入的代码，然后选择"编辑">"剪切"（Ctrl + X / Command + X）。

4. 将光标放在函数的大括号内，然后选择"编辑">"粘贴"（Ctrl + V / Command + V）。

使用粘贴代码，停止小鸟动画时间轴的命令仅在检测到鼠标单击之后发生。

```
10
11  function fl_MouseClickHandler() {
12      // 开始您的自定义代码
13      // 此示例代码在"输出"面板中显示"已单击鼠标"。
14      alert("已单击鼠标");
15      /* 停止影片剪辑
16  停止舞台上的指定影片剪辑。
17
18  说明：
19  1. 将此代码用于当前正在播放的影片剪辑。
20  */
21
22  this.movieClip_2.stop();
23
24
25      // 结束您的自定义代码
26  }
```

5. 选择"控制">"测试"以测试交互性。

Animate 导出 HTML5 和 JavaScript，并在浏览器中显示动画。

6. 在浏览器中单击小鸟。

小鸟停止拍动它的翅膀，一个浏览器对话框出现并显示"鼠标单击"。但是背景中的滚动山脉继续移动。

注意：CreateJS JavaScript 库时间轴的帧号从 0 开始，而 Animate 和 ActionScript 帧号从 1 开始。因此，导出的 JavaScript 代码中的帧数比 Animate 中您期望见到的少一个。由于这种差异，Adobe 建议您始终对时间轴导航使用帧标签，而不是帧号。当您使用 gotoAndStop() 或 gotoAndPlay() 命令控制时间轴的播放头时，请记住这一点。

注意： "动作"面板对 JavaScript 进行了颜色编码，就像在 ActionScript 3.0 文档中的 ActionScript 代码一样。使用颜色编码来帮助确保您的代码干净、无错误。

 提示： 使用"格式代码"命令清除代码的外观以获得一致，易于阅读的样式。通过选择"编辑">"首选项"（Windows）或 Animate CC>"首选项"（Mac），然后选择代码编辑器更改格式化首选项。

10.6 转换为 HTML5 Canvas

您可能有许多在 Animate 中创建的旧动画，客户希望将其用作 HTML5 动画。不要担心；您不必重做所有的工作。幸运的是，Animate CC 包括将现有 Flash ActionScript 3.0 文档转换为 HTML5 Canvas 文档的选项，因此您的动画可以覆盖最广泛的受众群体。

有两种方法可以使用 Animate 资源创建 HTML5 Canvas 文档。首先，您只需创建一个新的 HTML5 Canvas 文档，然后将图层从一个文件复制并粘贴到新文件。其次，您可以打开旧的 Flash 文件（ActionScript 3.0 文档），然后选择"命令">"转换为其他文档格式"。您可以将新文件另存为 HTML5 Canvas 文档，Animate 将进行转换。

10.6.1 将 AS3 文档转换为 HTML5 Canvas 文档

现在将把上一课中作为 ActionScript 3.0 文档构建的动画转换为 HTML5 Canvas 文档。

1. 打开 10Start 文件夹中的 10Start_convert.fla 文件。

该项目是上一节课的动画电影《双重身份》的动画宣传。ActionScript 3.0 文档中包含位图和补间动画（位置、比例、颜色效果、3D 效果和滤镜有所改变）。

注意：请记住，ActionScript 3.0 文档不一定包含 ActionScript 3.0。
ActionScript 3.0 文档仅仅是在浏览器中为 Flash Player 发布的 Animate 文档。
ActionScript 3.0 文档只能包含动画。

文件的目标是 Flash Player。帧速率设置为每秒 30 帧，其中黑色舞台固定在宽度为 1280 个像素而高度为 787 个像素。

2. 选择"命令" > "转换为其他文档格式"。

在出现的对话框中，从"将文档转换为"菜单中选择"HTML5Canvas"，然后输入新的文件名 10_workingcopy_convert.fla。

3. 单击"确定"。

Animate 将内容复制到新的 HTML5 Canvas 文档中。新的 HTML5 Canvas 文档包含您转换的内容。

4. 查看"输出"面板中的警告。

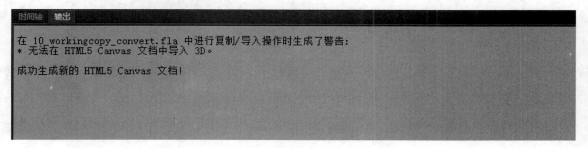

"输出"面板显示以下警告：

* 无法在 HTML5 Canvas 文档中导入 3D。

HTML5 Canvas 文档不支持 3D 旋转或 3D 平移工具，因此不显示补间。请留意"输出"面板中的消息，以确保您了解 Animate 如何将内容实现从 Flash Player 到 HTML5 的转换，以及哪些功能未成功移植。通常，在每次转换后，您必须对动画进行其他修改。

5. 选择"控制">"测试"，测试转换的内容。

Animate 导出 HTML5 和 JavaScript，并在浏览器中显示动画。转换的动画开始播放，显示了所有的补间动画，包括空闲汽车的嵌套动画。标题的 3D 动画（不支持）出现在结尾，没有任何动画效果。

"输出"面板显示有关动画中包含的功能的其他警告。

10.6.2　了解图片资源

与课程中使用小鸟的矢量图形的上一个项目不同，此动画序列使用位图图像。导入到 Animate 库中的图像必须导出，以便 HTML 和 JavaScript 文档可以访问。

1. 检查桌面上保存 Animate 文件的文件夹，10_workingcopy_convert.fla。

Animate 已创建了一个名为 images 的附加文件夹。在 images 文件夹内的是动画中的所有位图资源，被保存为单个 PNG 文件。导出的文档中的 JavaScript 代码只动态加载需要从单个 PNG 图像显示的图像，称为 sprite 工作表。

2. 返回 Animate CC 应用程序。

3. 选择"文件"＞"发布设置"。

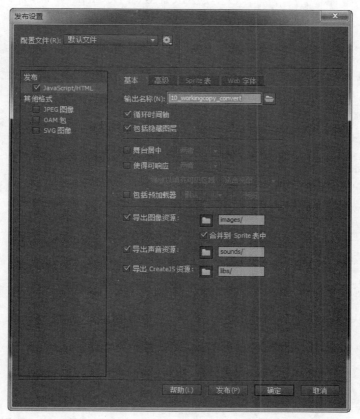

　　将显示"发布设置"对话框。在"基本"选项卡上，"导出图像资源"选项允许您设置包含所有位图图像的文件夹的路径和名称。

　　如果取消选择"导出图像资源"，Animate 仍将导出并播放动画，但没有任何图像。

　　关闭 Animate 文件。接下来，您将了解如何发布应用程序以在计算机桌面上播放。

10.7　发布桌面应用

　　大多数计算机的浏览器中都已经安装了 Flash Player，但是可能也会将影片发布给没有安装 Flash Player 或安装了较老版本的用户，也可能需要影片在没有浏览器的环境下运行。

这时，可将影片输出为 AIR 文件，它将在用户的桌面上安装成一个应用，Adobe AIR 是一个更加兼容的运行环境，支持更多功能。

10.7.1 创建 AIR 应用

通过 Adobe AIR，可以将 Flash 的内容创建为一个应用，以便用户在桌面上观看。

1. 打开 10Start_restaurantguide.fla。这是在上节课中创建完成的交互式餐厅指南工程，其中背景图像略作了修改。

2. 在"属性"检查器中，"目标"设置为 AIR 23.0 for Desktop。

AIR 23.0 是 Adobe AIR runtime 的最新版本。

3. 单击"目标"旁边的"编辑应用程序设置"扳手图标，将会打开"AIR 设置"对话框。

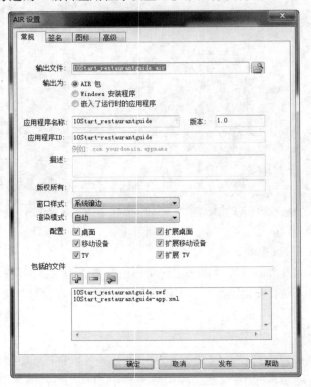

另外，还可以从"发布设置"对话框中打开"AIR 设置"对话框。只需单击"目标"旁的"播放器设置"扳手图标按钮。

4. 在"常规"选项卡中检查以下设置："输出文件"栏显示发布的 AIR 安装程序名称为 10Start_restaurantguide.air。"输出为"选项中有 3 种选择，用于创建 AIR 应用。

- "AIR 包"可以创建一个独立于平台的 AIR 安装包。
- "Mac/Windows 安装程序"将会创建用于指定平台的 AIR 安装包。
- "嵌入了运行时的应用程序"创建的应用，不需要安装包或 AIR 运行环境。

5. 在"应用程序名称"文本框中，输入 Meridien Restaurant Guide，这就是设计出的应用名称。

6. 在"窗口样式"菜单中，选择"自定义镶边（透明）"选项。

自定义镶边（透明）创建一个应用程序，不带任何界面或框架元素（称为 chrome），并使用透明背景。

7. 单击"AIR 设置"对话框顶部的"签名"选项卡。

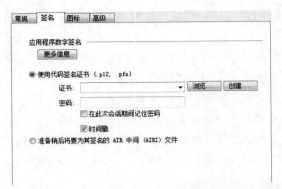

创建 AIR 应用需要签名证书，这样用户可以信任和识别开发人员创建的 Flash 内容。在本课中，并不需要官方签名授权证书，所以可以创建自己设计的签名证书。

8. 单击"证书"旁边的"创建…"按钮。

9. 现在可以在空白的文本框中输入相关信息。将"发布者名称"设为 Meridien Press，"组织单位"设为 Digital，"组织名称"设为"Interactive"。在"密码"和"确认密码"栏输入自己的密码，然后将文件保存为 meridienpress。单击"文件夹 / 浏览"按钮以将其保存在选择的文件夹中。

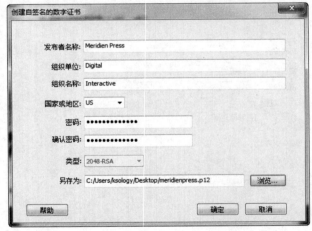

然后单击"确定"按钮。

这样，就会在计算机上创建自签名的证书（.p12）。

Animate 自动在证书字段中填写 .p12 文件的路径。确认填写"密码"栏（此处的密码必须要与之前创建签名证书时的密码一致），之后在本课中还需要使用到它。同时还要确认勾选了"时间戳"。

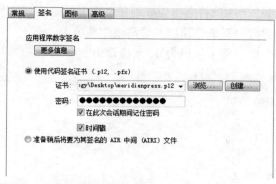

10. 现在单击"AIR 设置"对话框顶部的"图标"选项卡。

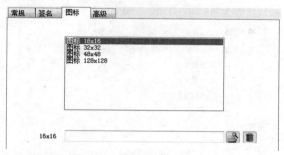

11. 选择"图标 128×128"，然后单击文件夹图标。

12. 导航到 10Start 文件夹内的 App Icons For Pubilsh 文件夹，然后从中选择 restaurantguide. png 文件。

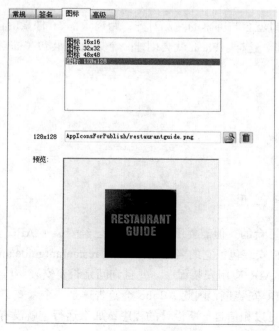

restaurantguide.png 文件中的图像将会作为应用在桌面上的图标。

13. 最后，单击"AIR 设置"对话框顶部的"高级"选项卡。

14. 在"初始窗口设置"中，将 x 值设为 0，y 值设为 50。

常规	签名	图标	高级

关联的文件类型

➕ ➖ ✏️

〈无〉

初始窗口设置

宽度： 　　　　　　　　　　　　高度：

X：0　　　　　　　　　　　　　Y：20

最大宽度：　　　　　　　　　　最大高度：

最小宽度：　　　　　　　　　　最小高度：

☑可最大化
☑可最小化
☑可调整大小
☑可见

其它设置

安装文件夹

程序菜单文件夹

☐ 使用自定义 UI 进行更新

这样，发布应用时窗口就会与屏幕的左侧对齐，距离顶部 50 像素的位置。

15. 单击"发布"按钮。这样，Flash 就会创建一个 AIR 安装包（.air）。

10Start_restaurant
guide.air

10.7.2 安装一个 AIR 应用

AIR 安装包是独立于平台的，但需要用户的系统中已经安装了 AIR 运行环境。

1. 双击刚创建的 AIR 安装包，它的名称是 10Start_restaurantguide.air。

这时，将打开 Adobe AIR 应用安装程序，并且询问是否要安装该应用。由于之前使用了自行设计的签名证书来创建 AIR 安装包，因此 Adobe 会警告这是一个未知不可信任的开发程序，可能存在潜在安全威胁（如果可以相信自己所设计的程序，那么运行它就没有问题）。

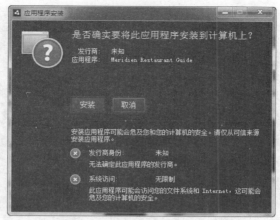

2. 单击"安装"按钮，再单击"继续"按钮以确认其中的默认设置。

这样，名称为 Meridien Restaurant Guide 的应用就安装成功，并会自动打开。

可以注意到该应用确实位于屏幕 x=0，y=50 的位置，而且此时"舞台"是透明的，所以图像元素会悬浮在桌面上，就像其他的应用外观一样。

3. 通过按 Alt+F4 组合键或 Cmd+Q 组合键即可退出应用。

10.7.3 创建放映文件

在某些情况下，例如，如果您不想处理需要安装的应用程序和所有伴随的安全问题，您可能需要使用低技术含量和简单的分发方法。放映文件是一个包含 Flash Player 运行环境的文件，因此您的受众可以简单地双击放映文件图标来播放和查看您的多媒体内容。

您可以从 ActionScript 3.0 或 AIR 文档发布 Macintosh 或 Windows 放映文件。但是，与创建 AIR 应用程序时不同，您使用放映文件时没有发布选项，例如为应用程序图标选择缩略图，或者在应用程序启动时指定透明背景或初始位置。

1. 打开 10Start_restaurantguide.fla。

2. 选择"命令" > "作为放映文件导出"。

将打开"发布设置"对话框。

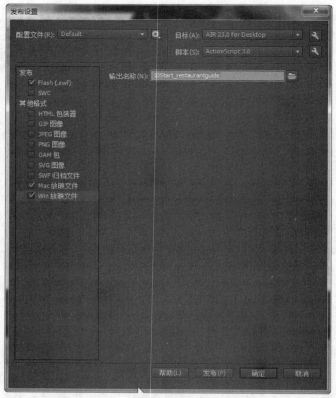

3. 在左侧列中的"其他格式"下，选择 Mac 或 Windows 放映文件。 Windows 放映文件的文件扩展名为 .exe 而 Mac 放映文件的文件扩展名为 .app。

4. 指定希望 Animate 保存放映文件的文件名和位置。每个放映文件（Mac 和 Windows）需要一个唯一的文件名，因此突出显示每个选项以输入它。

5. 单击"发布"。

Animate 在输出位置创建选定的放映文件，其文件名与 Animate 文件名匹配。单击"确定"。

6. 双击放映文件。

餐厅指南作为单独的应用程序在桌面上打开。您可以将放映文件应用程序与 AIR 应用程序比较。

发布WebGL动画

WebGL是一种使用JavaScript在Web浏览器中呈现图形（特别是3D图形）的技术。 WebGL使用硬件加速来渲染图形，可能会简化复杂图形的显示。使用Animate WebGL文档类型创建平面图形和动画以导出为WebGL资源。

您的输出文件包括各种JavaScript文件（包括JSON文件，它是用于存储数据的特定类型的JavaScript文件，JSON表示JavaScriptObject Notation）和图像资源。

Animate WebGL文档类型是有限的（它不支持3D变换，文本或掩码），但还是要了解WebGL作为一种技术和Animate文档类型开发。

10.8　发布适用于手机设备的影片

还可以将影片发布为适合 Android 系统或 iOS 系统手机设备的应用。要发布这样的 Flash 内容，需要将"目标"设为 AIR for Android 或 AIR for iOS，以便创建一个用户可以下载并安装在相应设备上的应用。

10.8.1　测试手机 APP 应用

创建一个适用于手机设备的应用，要比创建一个桌面应用更复杂，因为它需要获得指定开发人员的授权签名证书。另外，还需要考虑到要在另一个独立的目标设备测试和调试的时间和精力。但是，Animate CC 也提供了几种可以帮助测试手机应用的方法：

- 可以在 Flash 的手机设备仿真器中，即在 AIRDebugLauncher 中测试手机的交互性设计。Sim Controller 和 AIR Debug Launcher 一起使用可以仿真一些特定的交互性，如使用加速器来倾斜设备和各种触屏的方法（如滑动、单击）或使用地理定位功能。
- 对于 iOS 设备，Flash 可以在本地的 iOS 仿真器中发布 AIR 应用来进行测试，以便在桌面上仿真手机应用。

 注意：iOS 仿真器是苹果 XCode 开发工具的一部分，可以在 App 商店免费下载。

- 使用 USB 将手机设备连接到电脑，Flash 就可以将 AIR 应用直接发布到手机设备上。

 注意：在 iOS 设备上测试应用，就可以成为苹果的 iOS 开发人员项目中的一分子，进行应用开发、分布应用和提供签名证书。拥有签名证书就可以在 iOS 设备中安装应用进行测试，并将应用上传到 iTunes 商店。

10.8.2 仿真手机应用

下面，将在 Animate CC 中使用 Adobe Sim Controller 和 AIR Debug Launcher 仿真手机设备上的应用。

1. 打开 11Start_mobileapp.fla 文件。

这个工程是一个很简单的应用，它含有 4 个关键帧，用于宣传 Meridien 城市的一项虚构的赛事。

该工程已经包含了需要的 ActionScript 代码，观众可以单击"舞台"以便前往下一帧或前一帧。

查看动作面板中的代码。这段代码是通过代码片段面板添加的，包含了许多可以用于手机设备的交互性设计代码片段。

```
1    stop();
2    /* Swipe to Go to Next/Previous Frame and Stop
3    Swiping the stage moves the playhead to the next/previous frame and sto
4    */
5
6    Multitouch.inputMode = MultitouchInputMode.GESTURE;
7
8    stage.addEventListener (TransformGestureEvent.GESTURE_SWIPE, fl_SwipeTc
9
10   function fl_SwipeToGoToNextPreviousFrame(event:TransformGestureEvent):v
11   {
12       if(event.offsetX == 1)
13       {
14           // swiped right
15           prevFrame();
16       }
17       else if(event.offsetX == -1)
18       {
19           // swiped left
20           nextFrame();
21       }
22   }
```

当前帧

Actions:1

第 1 行（共 22 行），第 1 列

2. 在"属性"检查器中，"目标"是 AIR 23.0 for Android。

3. 选择菜单"控制">"测试影片">"在 AIR Debug Launcher（移动设备）中"。

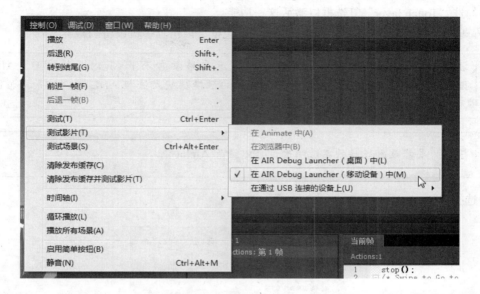

注意：在 Windows 系统中，使用 AIR Debug Launcher 时可能会出现一个安全警告，单击"允许"即可给予权限继续操作。

这个工程会将影片发布到新窗口中。另外，还会打开 Sim Controller，为 Flash 内容的交互性设计提供各种选项。

4. 在 Simulator（仿真器）面板中，单击以展开"TOUCH AND GEDTURE"（触摸和手势）栏。

5. 勾选"Touch layer"复选框以激活这一功能。

该仿真器会在 Flash 内容上覆盖一层透明的灰色框，以仿真手机设备的触屏。

 注意：勾选"Touch layer"复选框时，不要移动含有 Flash 内容的窗口（AIR Debug Launcher，ADL），否则，仿真器的触摸层就无法与 ADL 窗口对齐，也就无法精确地测试手机上的互动设计。

 注意：要修改触摸层的不透明度，可以修改 Alpha 值。

6. 选择"Gesture"（手势）>"Swipe"（划动）。

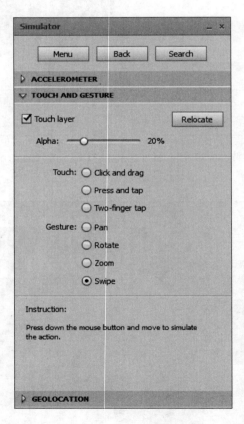

现在，仿真器激活了滑动功能的互动设计。面板底部的说明（Instruction）会提示如何仅通过鼠标来创建交互设计。

7. 在 Flash 内容上按住 touch layer（触屏层）向左拖动，然后松开鼠标。

黄色的点表示手机设备触摸层上的接触点。

这样，工程可以识别划动动作，然后就会出现第 2 个关键帧。

8. 向左滑动或向右滑动，Flash 就会后退一帧或前进一帧。

10.8.3　发布一个手机应用

最后，要检查 Animate 中的设置以便发布 iOS 手机应用，发布 Android 手机应用也会有相似的设置。由于篇幅限制，这里就不再赘述。下面将会看到发布应用和上传应用到 iTunes 商店过程所需的签名证书、资源和配置文件。

1. 在 Animate 中，选择菜单"文件">"新建"，对话框中的"类型"选择 AIR for iOS，然后单击"确定"按钮。

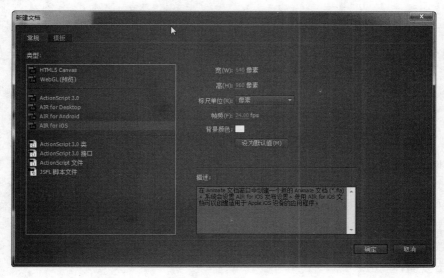

Animate 将会创建一个新的 Animate 文件，类型为 iOS 系统的 AIR 应用。它的"舞台"大小为 640×960 像素，"目标"为 AIR 23.0 for iOS。

2. 单击"目标"旁的扳手图标。于是，将出现"AIR for iOS 设置"对话框。

3. 单击"常规"选项卡。

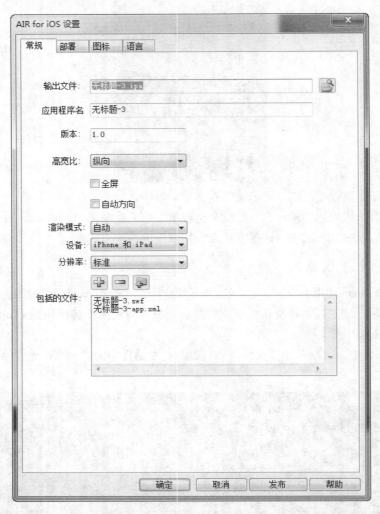

"常规"选项卡包含了关于输出文件和常规设置的信息，发布的文件扩展名是 .ipa。其中，可以选择不同的"高宽比""设备"（iPhone 或 iPad）和"分辨率"。

iOS simulator SDK 文本框中的是用来测试的 iOSSimulator 文件的路径（"控制" > "测试影片" > "在 iOS Simulator 中"）。文件中包含两个必须的文件（.swf 文件和 .xml 文件），另外如有需要还可以添加其他的关联文件。对于 iOS 应用，还可以添加指定文件名的 PNG 文件来作为应用启动时的图像如默认的 @2x.png，它会在加载应用时出现。

4. 单击"部署"选项卡。

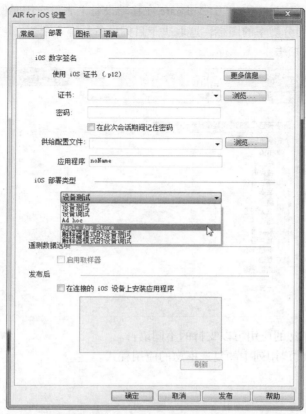

　　"部署"选项卡中包含了测试发布的信息。"证书"和"供给配置文件"是作为一个签名授权的 Apple 开发人员所必需的文档。它将授权已知可信任的开发人员，以便 Apple 和其他潜在客户可以信任、购买和下载所开发的应用。

　　iOS 的"部署"类型表示发布应用的多种方式，如可以通过连接的 USB 设备进行测试，可以通过各种设备（无线网）进行测试，也可以最终将应用发布到 iTunes 商店。整个开发过程的每个阶段都需要不同的证书和发布过程。

　　5. 单击"图标"选项卡。

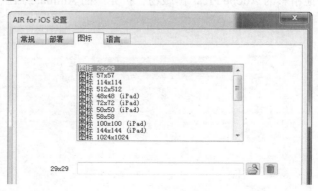

"图标"选项卡中的设置，可以指示 Animate 在移动设备上表示应用时使用哪幅图像作为图标。那么，需要提供不同分辨率的图标，这取决于目标设备是哪一个。

6. 单击"语言"选项卡。

"语言"标签列出了您的应用可以支持的不同语言。

选中支持语言旁边的启用列中的复选框您的应用程式。

10.9　下一步

恭喜！您已经完成了最后一课。到目前为止，您已经了解了 Adobe Animate CC 在（您的）充满创意的手中如何具备制作富媒体，互动项目和发布到多个平台的动画所需的所有功能。您已经完成了这些课程——其中许多是从头开始的，因此您了解各种工具，面板和代码如何在实际应用中协同工作。

但是总有更多的东西要学习。通过创建您自己的动画或互动网站继续练习您的 Animate 技能。灵感来自在网络上寻找动画和多媒体项目，并在移动设备上探索应用程序。通过探索 Adobe Animate 帮助资源和其他精彩的 Adobe Press 出版物，扩充您的 Animate 知识。

复习题

1. 设计环境和运行环境有什么不同?

2. 为了确保最终的 Animate 影片可以在 Web 浏览器的 Flash Player 中播放,需要将哪些文件上传到服务器中?

3. 如何辨别用户安装的 Flash Player 版本?

4. 什么是 CreateJS?

5. 为什么建议在 HTML5 Canvas 中创建的动画使用传统补间?

6. 如何在 HTML5 Canvas 文档中包含交互性?

7. ActionScript 和 CreateJS JavaScript 在 Animate 时间轴上处理帧数的方式有什么区别?

8. 测试一个要在手机设备上播放的 Animate 文件,有哪些方法?

9. 什么是签名证书,在发布 AIR 应用时为什么需要它?

复习题答案

1. 设计环境指的是创建 Animate 内容时所在的环境,如 AnimateCC。运行环境指的是为观众回放 Animate 内容时的环境。Animate 内容的运行环境可以是桌面浏览器中的 Flash Player,可以是左面的 AIR 应用,也可以是移动设备。

2. 要确保影片在 Web 浏览器中可以如期望那样播放,需要上传 SWF 文件和 HTML 文档来通知浏览器如何播放 SWF 文件。还需要上传 swfobject.js 文件,以及需要的关联文件,如视频或其他 SWF 文件,并确保它们的相对位置(通常与最终的 SWF 文件在同一个文件夹中)与在硬盘中的位置一样。

3. 在"发布设置"对话框的 HTML 选项卡中勾选"检测 Flash 版本",以便可以在用户计算机上自动检测 Flash Player 的版本。

4. CreateJS 是一套开源 JavaScript 库:EaselJS、TweenJS、SoundJS 和 PreloadJS。

   当您发布或测试 HTML5 Canvas 文档时,Animate 使用 CreateJS 生成所有必要的 JavaScript 代码,以在舞台上表示图像、图形、符号、动画和声音。它还输出依赖的资源,如图像和声音。

5. 虽然 HTML5 Canvas 文档支持所有补间动画和形状补间,但它们会导出为逐帧动画,并且将增加导出的 JavaScript 代码的文件大小。使用传统补间,可以将其运动补间保留，一方面可以控制文件大小，另一方面也允许您通过 JavaScript 动态控制动画。

6. 通过将代码直接写入"动作"面板中，为 Animate 时间轴插入 JavaScript。如果您是 JavaScript 新手，可以使用"HTML5 Canvas 代码段"面板，该面板提供了常见的 JavaScript 互动代码段，例如鼠标单击和时间轴控件。

7. 在 CreateJS 的 JavaScript 中，帧号从 0 开始。在 Animate 中，帧号从 1 开始。因此，应使用帧标签，以便可以避免引用帧编号。

8. 要为一个手机设备检测 Animate 项目，可以在 AIRDebugLauncher 中检测（"控制" > "测试影片" > "在 AIRDebugLauncher（移动设备）中"）。与之一起的 SimController 可以仿真手机的多种交互性功能，如单击、滑动动作等。也可以将 Animate 项目直接发布到一个连接的 USB 设备（Android 或 iOS）中。另外，也可以在本地的 iOSSimulator 中测试一个 iOS 应用，方法是选择菜单"控制" > "测试影片" > "在 iOSSimulator 中"。

9. 签名证书是一份授权文档，作为数字签名，可以从认证机构购买。这份证书可以让您得到用户的信任，以便在商店下载和安装桌面的 AIR 应用，或在 Android 或 iOS 系统中安装 AIR 应用。

欢迎来到异步社区！

异步社区的来历

异步社区（www.epubit.com.cn）是人民邮电出版社旗下 IT 专业图书旗舰社区，于 2015 年 8 月上线运营。

异步社区依托于人民邮电出版社 20 余年的 IT 专业优质出版资源和编辑策划团队，打造传统出版与电子出版和自出版结合、纸质书与电子书结合、传统印刷与 POD 按需印刷结合的出版平台，提供最新技术资讯，为作者和读者打造交流互动的平台。

社区里都有什么？

购买图书

我们出版的图书涵盖主流 IT 技术，在编程语言、Web 技术、数据科学等领域有众多经典畅销图书。社区现已上线图书 1000 余种，电子书 400 多种，部分新书实现纸书、电子书同步出版。我们还会定期发布新书书讯。

下载资源

社区内提供随书附赠的资源，如书中的案例或程序源代码。

另外，社区还提供了大量的免费电子书，只要注册成为社区用户就可以免费下载。

与作译者互动

很多图书的作译者已经入驻社区，您可以关注他们，咨询技术问题；可以阅读不断更新的技术文章，听作译者和编辑畅聊好书背后有趣的故事；还可以参与社区的作者访谈栏目，向您关注的作者提出采访题目。

灵活优惠的购书

您可以方便地下单购买纸质图书或电子图书，纸质图书直接从人民邮电出版社书库发货，电子书提供多种阅读格式。

对于重磅新书，社区提供预售和新书首发服务，用户可以第一时间买到心仪的新书。

用户账户中的积分可以用于购书优惠。100 积分 =1 元，购买图书时，在 [　　] 使用积分 里填入可使用的积分数值，即可扣减相应金额。

纸电图书组合购买

社区独家提供纸质图书和电子书组合购买方式，价格优惠，一次购买，多种阅读选择。

社区里还可以做什么？

提交勘误

您可以在图书页面下方提交勘误，每条勘误被确认后可以获得 100 积分。热心勘误的读者还有机会参与书稿的审校和翻译工作。

写作

社区提供基于 Markdown 的写作环境，喜欢写作的您可以在此一试身手，在社区里分享您的技术心得和读书体会，更可以体验自出版的乐趣，轻松实现出版的梦想。

如果成为社区认证作译者，还可以享受异步社区提供的作者专享特色服务。

会议活动早知道

您可以掌握 IT 圈的技术会议资讯，更有机会免费获赠大会门票。

加入异步

扫描任意二维码都能找到我们：

异步社区

微信服务号

微信订阅号

官方微博

QQ群：436746675

社区网址：www.epubit.com.cn

投稿 & 咨询：contact@epubit.com.cn